中等职业学校公共基础课程配套学习用书

信息技术

学习指导练习册

上册

主　编：王　坤　邓仕川

副主编：刘清太　温仁彬　但振宇　林世伟

参　编：程弋可　陈维跃　胡玉娇　赖　静

刘　芳　彭东勤　蒲　晋　苏　清

肖　佳　肖　南　张振康　张之馨

北京理工大学出版社

BEIJING INSTITUTE OF TECHNOLOGY PRESS

内容简介

本书是中等职业学校公共基础课程国家规划教材《信息技术（基础模块）上册》的配套用书，依据《中等职业学校信息技术课程标准（2020 年版）》编写。本书包括走进信息时代、开启网络之窗、编绘多彩图文 3 个专题。本书作为教材的延伸，通过“任务目标”“任务梳理”“知识进阶”“例题分析”“练习巩固”等栏目的设计，系统地对教材内容进行梳理，从提高学生学习兴趣到检测学生学习效果，再到拓展学生学习视野和激发学生自主学习动力等方面，均提供了全方位的指导和练习，有助于学生增强信息意识、发展计算思维、提高数字化学习与创新能力、树立正确的信息社会价值观和责任感，培养符合时代要求的信息素养与适应职业发展需要的信息能力。

本书除了可作为练习册供学生使用外，还可作为综合辅助材料配合教师的教学工作。

图书在版编目（CIP）数据

信息技术学习指导练习册．上册 / 王坤，邓仕川主编．-- 北京：北京理工大学出版社，2022.8

ISBN 978-7-5763-1436-6

Ⅰ．①信… Ⅱ．①王… ②邓… Ⅲ．①电子计算机－中等专业学校－习题集 Ⅳ．①TP3-44

中国版本图书馆 CIP 数据核字（2022）第 110503 号

出版发行 / 北京理工大学出版社有限责任公司
社　　址 / 北京市海淀区中关村南大街 5 号
邮　　编 / 100081
电　　话 /（010）68914775（总编室）
（010）82562903（教材售后服务热线）
（010）68944723（其他图书服务热线）
网　　址 / http://www.bitpress.com.cn
经　　销 / 全国各地新华书店
印　　刷 / 定州市新华印刷有限公司
开　　本 / 889 毫米 ×1194 毫米　1/16
印　　张 / 8
字　　数 / 135 千字
版　　次 / 2022 年 8 月第 1 版　2022 年 8 月第 1 次印刷
定　　价 / 25.00 元

责任编辑 / 陈莉华
文案编辑 / 陈莉华
责任校对 / 刘亚男
责任印制 / 边心超

前 言

近年来，我国职业教育事业快速发展，体系建设稳步推进，培养了大批中、高级技能型人才，为提高劳动者素质、推动经济社会发展和促进就业作出了重要贡献。为加快发展现代职业教育，党中央、国务院对职业教育发展做出重大战略部署，明确要求全面提升职业教育专业设置、课程开发的专业化水平。在这一背景下，编者就中等职业学校公共基础课程改革做了全面了解，特别是对经济新常态下中等职业学校公共基础课程教材的开发建设进行了有针对性的调查和探讨。

在相关研究基础上，编者认真学习《国家职业教育改革实施方案》有关部署，深化职业教育“三教”改革，全面提高人才培养质量，按照《职业院校教材管理办法》《中等职业学校公共基础课程方案》等相关文件的精神要求，系统研读《中等职业学校信息技术课程标准（2020 年版）》。根据有关规定要求，组织学科专家、科研院所、中高职学校课程专家、相关领域头部企业、教学研究人员、一线教师共同组成研究、编写队伍，开发了中等职业学校公共基础课程国家规划教材《信息技术（基础模块）上册》《信息技术（基础模块）下册》等 6 册教材。

为了配合信息技术课程基础模块上、下册教材的使用，编者组织编写了《信息技术学习指导练习册（上册）》《信息技术学习指导练习册（下册）》两本练习册。练习册呈现出以下几个方面的特点。

（1）注重课程思政的有机融合。深入挖掘学科思政元素和育人价值，把职业精神、工匠精神、劳模精神和创新创业、生态文明、乡村振兴等元素有机融合，达到课程思政与技能学习相辅相成的效果。

（2）紧密围绕学科核心素养、职业核心能力，促进中职学生的认知能力、合作能力、创新能力和职业能力的提升。

（3）遵循中职学生的学习规律和认知特点。本书设置了“任务目标”“任务梳理”“知识进阶”“例题分析”“练习巩固”等栏目，从提高学生学习兴趣到检测学生学习效果，再到拓展学生学习视野和激发学生自主学习动力等方面，均提供了全方位的指导和练习。

编者真诚地欢迎各位同仁批评指正，以期更好地服务于中等职业学校公共基础课程教材体系建设。反馈邮箱: bitpress_zzfs@bitpress.com.cn。

编　者

目　录
MULU

专题 1 走进信息时代

专题 2 开启网络之窗

专题 3 编绘多彩图文

专题1 走进信息时代

专题目标

（1）了解信息技术的概念和发展趋势、应用领域，关注信息对社会形态和个人行为方式带来的影响。

（2）了解信息社会相关的文化、道德和法律常识，在信息活动中自觉践行社会主义核心价值观，履行信息社会责任。

（3）了解信息系统的组成和信息处理的方式与过程。

（4）掌握常见信息技术设备及主流操作系统的使用技能，养成数字化学习和创新的习惯。

（5）会操作图形操作系统的用户界面，能使用正确方法输入文字。

（6）会管理信息资源，了解系统维护的相关知识；会使用“帮助”等工具解决信息技术设备和系统使用过程中的问题。

任务 1 探究信息技术和信息社会

任务目标

◎了解信息和信息技术的概念；

◎了解信息技术的发展趋势和应用领域；

◎学会关注信息对社会形态和个人行为方式带来的影响；

◎了解信息社会相关的文化、道德和法律常识；

◎能够在信息活动中自觉践行社会主义核心价值观，履行信息社会责任。

任务梳理

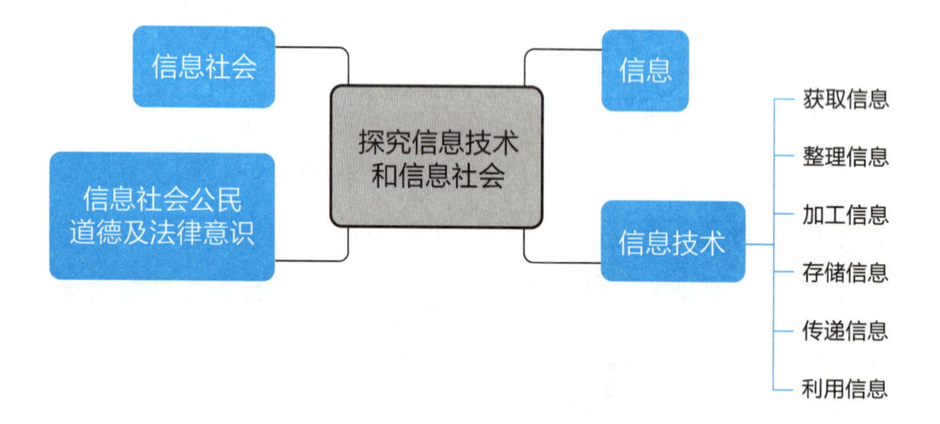

知识进阶

一、信息

信息能反映客观世界中各种事物的运动状态和变化，信息是客观事物之间相互联系和相互作用的表征，表现的是客观事物状态和变化的实质内容。

二、信息的传递

1. 古代

古代信息传递的方式比较原始，大都通过口耳相传或借助器物，如飞鸽传书或通过驿站的驿差传送，这些方式传递速度慢、不精确，信息形式单一，如图 1-1 所示。

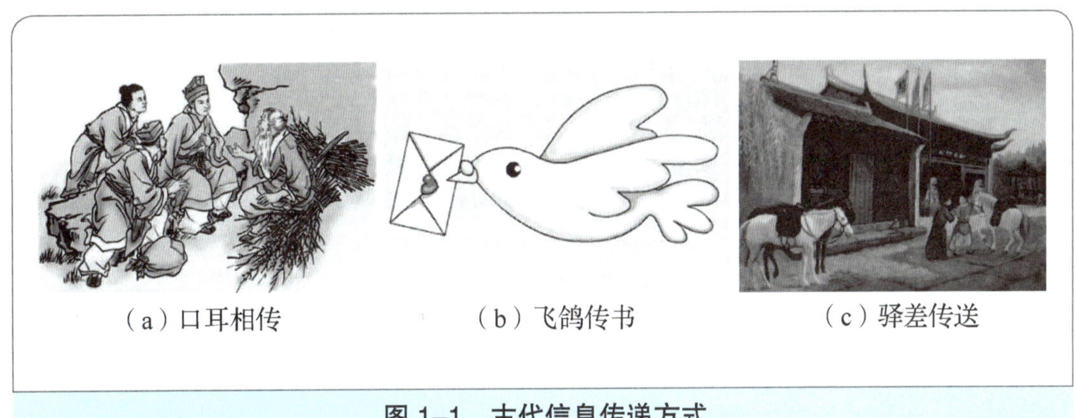

（a）口耳相传　（b）飞鸽传书　（c）驿差传送

图 1-1　古代信息传递方式

2. 近代

在近代，随着人们信息意识增强，交通方式变化，信息传递也有很大的变化，如依靠交通工具传递信件的邮政系统等。信息传递速度快了很多，传递距离大大增加，但传递速度还是不够快，而且传递费用很高，如图 1-2 所示。

（a）中国近代邮局　（b）外国近代马拉邮车

图 1-2　近代信息传递方式

3. 现代

随着现代科技的发展，信息种类增加了很多，传递方式也变得更快速，距离也增长了很多。如通过电报、电话传递信息，速度快，传递远，但传递内容以文字和声音为主，如图 1–3 所示。

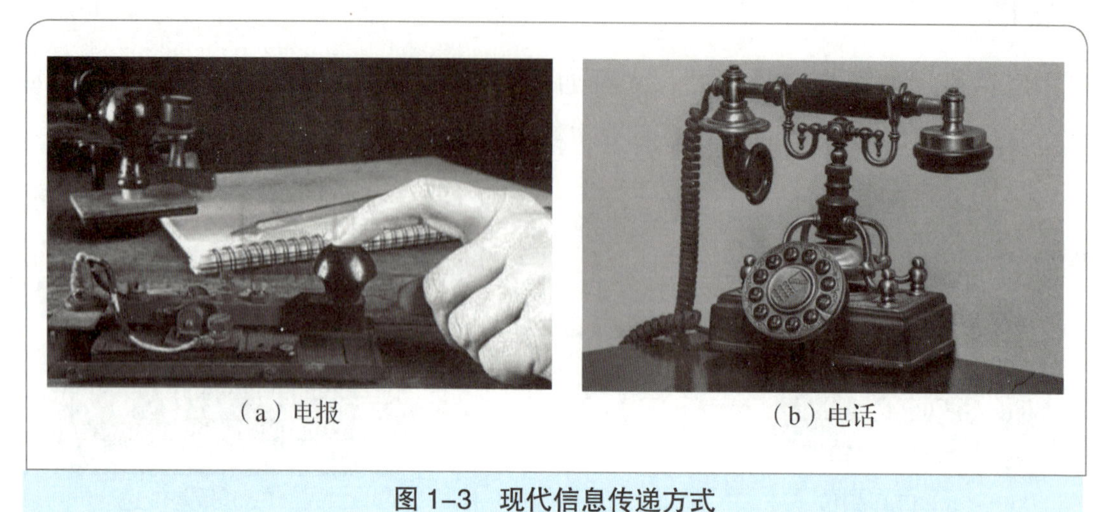
（a）电报　（b）电话

图 1–3　现代信息传递方式

4. 当代

随着信息的爆炸式增长，人们传递信息的要求变得更高，信息也呈多样化发展，计算机和计算机网络的发展让信息传递变得速度极快、容量极大，且不受地域阻碍，如图 1–4 所示。

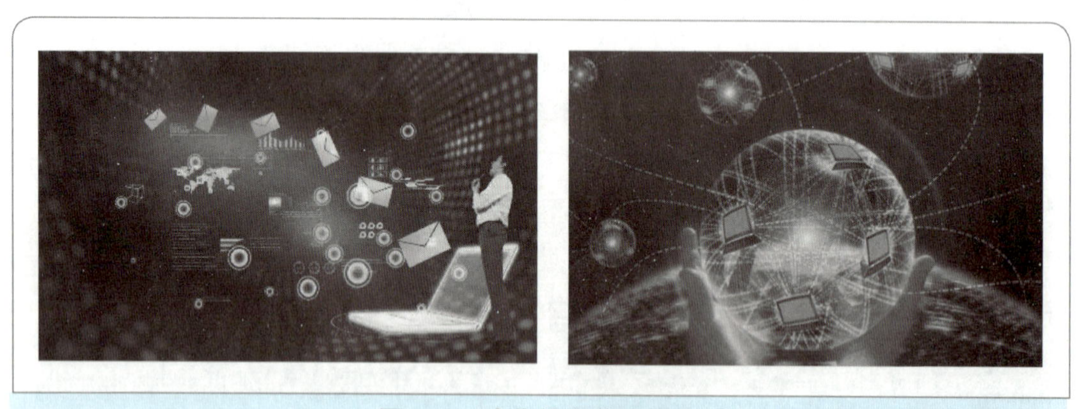

图 1–4　当代信息传递方式

三、信息技术在信息社会的任务

（1）提高生产力。提高速度，减少错误，降低成本。

（2）提高决策质量。产生可选择的方案，提供解决方案建议，提高决策质量，提升工作绩效；改善业务流程，提高企业综合竞争力，降低生产风险，创造和累计知识及见解等。

（3）加强团队合作。增长组织中的知识，支持地理上分散的团队开展合作，促进团队交流沟通。

（4）增进伙伴关系。提供供应链管理，实现电子商务，使企业将力量集中到核心能力上。

（5）全球化。利用更低廉、更多的劳动力，增强企业在全球市场上的竞争力。

（6）推动组织改革。加快信息流动，助推扁平化组织架构，保持竞争优势，开拓新市场等。

四、信息社会责任

1. 尊重软件著作权

软件著作权是自软件开发完成之日起产生的一种权益，有效期 50 年。使用盗版、破解软件是违法行为。如果有软件应用需求，应购买正版软件或使用共享软件、免费软件。

2. 遵守网络安全法，防范个人信息泄露

2016 年 11 月 7 日，中华人民共和国第十二届全国人民代表大会常务委员会第二十四次会议通过了《中华人民共和国网络安全法》，并于 2017 年 6 月 1 日起施行。

根据网络安全法，任何人不得从事非法侵入他人网络、干扰他人网络正常功能、窃取网络数据等危害网络安全的活动。也不能提供专门用于从事侵入网络、干扰网络正常功能及防护措施、窃取网络数据等危害网络安全活动的程序、工具。在明知他人从事危害网络安全的活动的，不得为其提供技术支持、广告推广、支付结算等帮助。

同时，作为青年学生，不要在网上泄露姓名、年龄、学校或家庭地址、电话或手机号码等个人信息。在网上看到不良信息时须远离，并积极举报。未经父母同意，不与任何网上认识的人见面。如果确定要与网友见面，必须先征求父母的同意，然后在父母陪同下进行。收到不明来历的电子邮件、短信、微信或 QQ 信息，如主题为“中奖”“问候”之类，应立即删除。若有疑问，及时询问父母如何处理。

互联网上的东西不一定是真实的，网上的人也并不都像他们自己所说的那样，有可能是伪装的。

五、了解信息社会发展

世界信息社会日是每年5月17日，由2006年3月第60届联合国大会通过的第60/252号决议正式决定。世界信息和社会日的目的是引起人们对信息通信技术（ICT）和信息社会相关问题的重视。

六、信息技术革命

信息技术革命不仅为人类提供了新的生产手段，带来了生产力的大发展和组织管理方式的变化，还引起了产业结构和经济结构变化。这些变化进一步引起人们价值观念、社会意识的变化，从而使社会结构和政治体制也将随之而变。第五次信息革命的标志是电子计算机的数据处理技术与新一代通信技术的有机结合。

例题分析

例题 1

【填空题】信息社会是以__________为基础、以__________为基本发展资源、以__________为基本社会产业、以数字化和网络化为基本社会交往方式的新型社会。

【答案】电子信息技术　信息资源　信息服务性产业

【解析】信息社会是以电子信息技术为基础、以信息资源为基本发展资源、以信息服务性产业为基本社会产业、以数字化和网络化为基本社会交往方式的新型社会。

例题 2

【单选题】印刷术的发明，表明信息技术的发展已进入（　　）。

A. 第一阶段　　B. 第二阶段

C. 第三阶段　　D. 第四阶段

【答案】C

【解析】人类已经经历了信息技术发展的五个阶段，即语言的应用，文字的出现和使用，印刷术的发明和使用，电报、电话、广播、电视的发明和普及，计算机和网络的普及。

例题 3

【单选题】以下属于信息社会的基本特征的有（ ）。

①网络社会 ②信息经济 ③数字生活 ④在线政府

A. ①②③ B. ②③④ C. ①③④ D. ①②③④

【答案】D

【解析】信息社会的基本特征有：网络社会、信息经济、数字生活、在线政府。

例题 4

【多选题】信息技术给人类生活方式带来的影响包括（ ）。

A. 网上授课 B. 网上学习 C. 复杂计算 D. 网上购物

【答案】ABD

【解析】网上授课、网上学习、网上会议、网上购物属于生活方式的影响，复杂计算属于对科技进步的影响。

例题 5

【判断题】信息社会是指全面实现小康的社会。 （ ）

【答案】×

【解析】信息社会是指以信息活动为基础的社会。

练习巩固

一、填空题

1. 电子计算机按采用的电子器件不同，一般认为已经历了四个发展阶段：__________、__________、__________和__________。

2. 信息资源是信息系统__________、__________、__________、__________、__________的各种信息的总和。

3. 信息社会是指通过创造、分配、使用、整合和处理信息进行社会经济、政治和文化活动的__________。

4. __________与__________是信息技术的核心。

5. 信息经济以知识和人才为基础，以__________为主要驱动力。

二、单项选择题

1. 以下不属于信息的是（　　）。

A. 天气预报　　B. 报纸　　C. 财经新闻　　D. 会议通知

2. 信息技术的英文简称是（　　）。

A. IC　　B. ISP　　C. IP　　D. IT

3. 以下不属于现代信息技术应用的是（　　）。

A. 数字校园　　B. 手工绘画　　C. 电子商务　　D. 卫星导航

4. 随着电子金融的发展，人们利用互联网进行理财，这主要体现了信息技术的（　　）发展趋势。

A. 虚拟化　　B. 数字化　　C. 网络化　　D. 多元化

5. 在医学应用中，有医院使用5G技术进行远程时评问诊，实现医疗资源的有效分配，也有医院使用机器人进行运输、消毒等服务，在节省劳动力的同时也避免人员接触交叉传染的风险。这主要体现了信息技术（　　）。

A. 对人们娱乐的影响　　B. 对人们工作的影响

C. 对人们学习的影响　　D. 以上都是

6. 不少地区开设了“互联网＋政务服务”平台开通网上办理渠道。企业和群众可以通过网上申报、线下邮递材料的方式办理政务服务事项，减少来往大厅次数。这主要体现了信息社会的（　　）特征。

A. 数字生活　　B. 信息经济　　C. 网络社会　　D. 在线政府

7. 通过微信朋友圈分享旅途见闻，这主要体现了信息的（　　）。

A. 可处理性　　B. 时效性　　C. 价值相对性　　D. 共享性

8. 利用移动终端里的App软件，人们可以随时随地在线学习、购物和听音乐、看视频，出行时可以随时查看目的地的具体位置和天气情况等，体现了信息技术发展的（　　）。

A. 网络互联的移动化和泛在化　　B. 信息处理的集中化和大数据化

C. 信息服务的智能化和个性化　　D. 实现时间的虚拟化和数字化

9. 信息社会本质上是以（　　）的社会。

A. 信息研究为基础　　B. 信息行为为基础

C. 信息活动为基础　　D. 信息结构为基础

10. 以下不属于信息技术给人类社会带来积极影响的是（　　）。

A. 推动科技进步，加速产业变革

B. 促进社会发展，创造新的人类文明

C. 借助技术的力量，提高社会劳动生产率

D. 信息泛滥，花费大量时间却找不到有用的信息

三、多项选择题

1. 下列关于信息技术对人们生活、工作和学习影响的叙述，正确的是（　　）。

A. 网络社交可以让人们随时随地交流、分享信息

B. 网络购物让消费者足不出户购买到自己心仪的商品

C. 移动支付可以让人们在餐厅结账、商场购物或乘坐公交时便捷地支付款项

D. 远程直播让子女观看千里之外的优质课程

2. 信息技术促进社会变革与发展体现在（　　）。

A. 提升社会建设水平　　B. 促进工农业生产变革

C. 提升电子商务可靠性　　D. 加强数字世界的治理

3. 信息技术给人们的生活带来了很多便利，但也带来了一些消极影响。因此在应用信息技术时应该（　　）。

A. 学会甄别信息

B. 培养良好的信息素养

C. 养成健康使用信息技术的习惯

D. 完全相信网络上传播的信息

4. 信息社会的发展趋势包括（　　）。

A. 智能制造　　B. 数字生活　　C. 信息依赖　　D. 智慧社会

5. 下列叙述错误的是（　　）。

A. 有了计算机后就有了信息技术

B. 有了人类就有了信息与信息技术

C. 现代通信技术与计算机技术的发展产生了信息技术

D. 21 世纪人类进入信息社会，信息和信息技术就相应产生了

四、判断题

1. 信息意识是指个体对信息的敏感度和对信息价值的判断力。（　　）

2. 信息社会责任是指信息社会中的个体在文化修养、道德规范和行为自律等方面应尽

的责任。（　　）

3. 信息技术促进了教育思想和教育观念的变化。信息技术使人们树立了新的教育观、学校观和教学观，树立了新的教育理论观和素质教育观。（　　）

4. 为保护网络及个人信息安全，我国于 2018 年 6 月 1 日正式颁布了《中华人民共和国网络安全法》。（　　）

5. 小刚设计了一个程序，并侵入别人的计算机窃取了一些重要数据，这种行为属于信息犯罪。（　　）

任务2 认识信息系统

任务目标

◎了解信息系统的组成及其基本功能；

◎了解计算机系统的组成；

◎了解数据的概念和表示方法；

◎了解数据编码；

◎了解计算机数据运算和存储单位；

◎了解数据存储的方式与介质；

◎能够进行简单的数制转换。

任务梳理

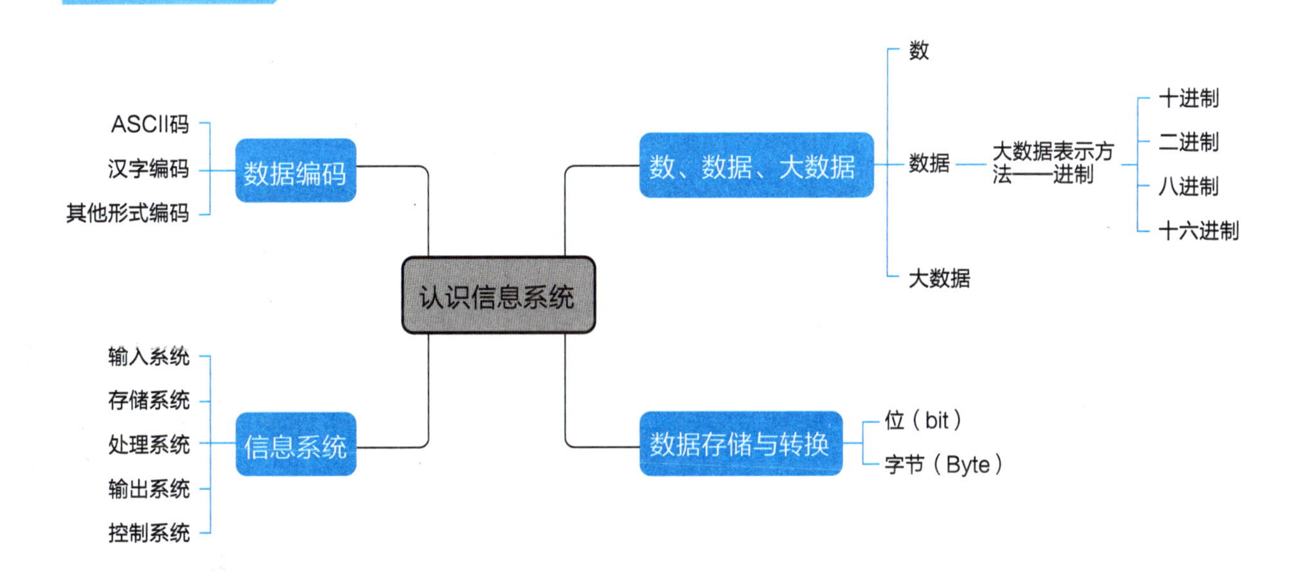

知识进阶

一、计算机系统

完整的计算机系统包括硬件系统和软件系统。硬件系统和软件系统互相依赖，不可分割，两个部分又由若干个部件组成。

硬件系统相当于计算机的“躯干”，是物质基础，软件系统则是建立在这个“躯干”上的“灵魂”。

1. 计算机硬件系统

计算机硬件系统由五大部分组成，即运算器、控制器、存储器、输入设备、输出设备，如图 1–5 所示。

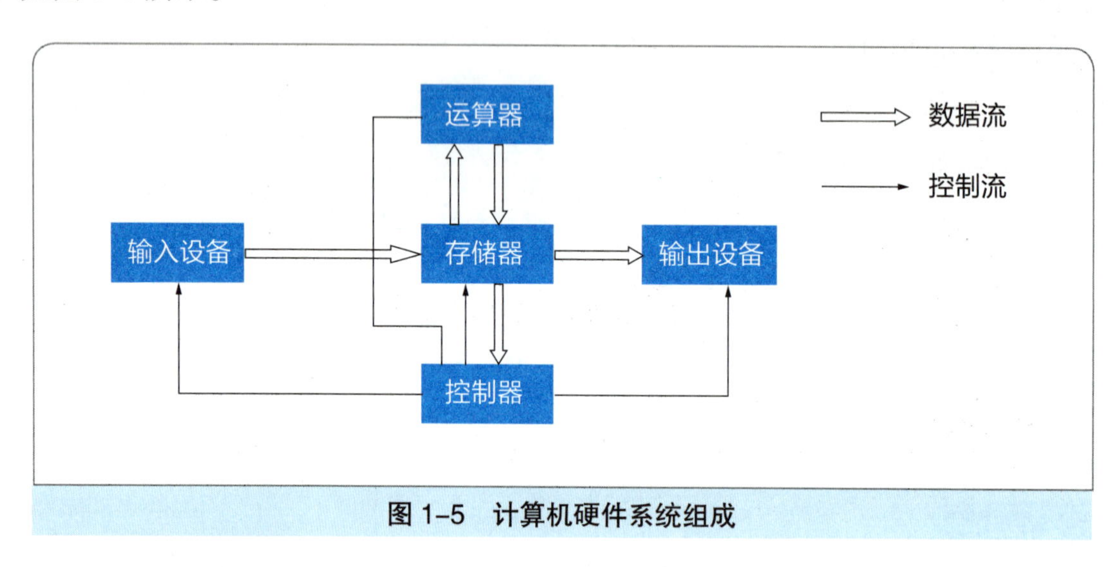

图 1–5　计算机硬件系统组成

（1）运算器和控制器。

在计算机硬件系统中，由运算器和控制器及一些寄存器集成在一起，构成中央处理器（Centre Process Unit，CPU），它是计算机系统中最重要的硬件。

运算器是计算机中进行算术运算和逻辑运算的部件，通常由算术逻辑运算部件（ALU）、累加器及通用寄存器组成，主要作用是进行各种算术运算和逻辑运算。

控制器是计算机的指挥系统，用以控制和协调计算机各部件自动、连续地执行各条指令，通常由指令部件、时序部件及操作控制部件组成。

运算器和控制器是计算机的核心部件，这两部分合称中央处理器（CPU），如果将 CPU 集成在一块芯片上作为一个独立的部件，该部件称为微处理器（Microprocessor，MP）。

CPU 的主要性能指标是主频和字长。字长表示 CPU 每次计算数据的能力。

时钟频率主要以 GHz 为单位来度量，通常时钟频率越高，其处理速度也越快。目前的主流 CPU 的时钟频率已发展到 2 GHz 以上。如英特尔（Intel）12 代酷睿 i9–12900KS 16 核台式机 CPU 处理器，具有 16 个核芯数和 24 线程处理能力。其单核主频可达 5.5 GHz，一次可以处理 64 位二进制数据。

（2）存储器。

存储器的主要功能是保存各类程序的数据信息。存储器可分为主存储器和辅助存储器两类。

主存储器，也称为内存储器（内存），属于主机的一部分。用于存放操作系统当前正在执行的数据和程序，属于临时存储器。

辅助存储器，也称外存储器，它属于外部设备。用于存放暂不用的数据和程序，属于永久存储器。

存储器与 CPU 的关系如图 1-6 所示。

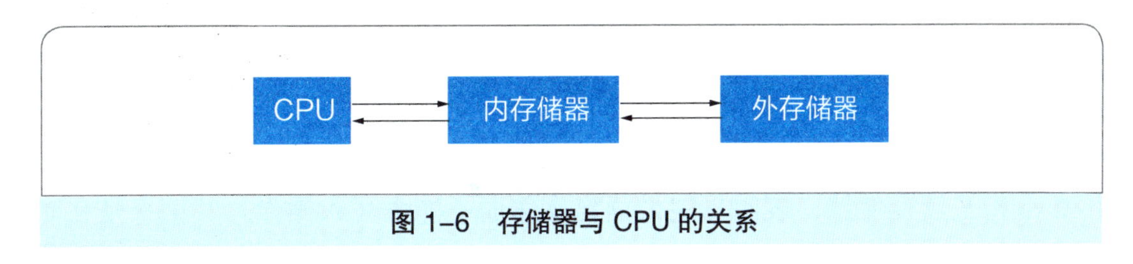

图 1-6 存储器与 CPU 的关系

1）内存储器。

一个二进制位是构成存储器的最小单位。为了能存取到指定位置的数据，给每个存储单元编上一个号码，该号码称为内存地址。

度量内存的主要性能指标是存储容量和存取时间。存储容量是指存储可容纳的二进制信息量，描述存储容量的单位是字节。存取时间是指存储器收到有效地址到在输出端出现有效数据的时间间隔。通常存取时间用纳秒（ns，$1\ ns=10^{-9}s$）为单位。存取时间越短，其性能越好。

内存储器按其工作方式可分为随机存储器（Random Access Memory，RAM）和只读存储器（Read Only Memory，ROM）两类。

① RAM。

RAM 是指计算机工作时既可从中读出信息，也可随时写入信息。在随机存储器中，以任意次序读写任意存储单元所用的时间是相同的。目前所有的计算机大都使用半导体随机存储器。半导体随机存储器是一种集成电路，其中有成千上万个存储单元。

根据元器体结构的不同，随机存储器又可分为静态随机存储器（Static RAM，SRAM）和动态随机存储器（Dynamic RAM，DRAM）两种。

静态随机存储器（SRAM）集成度低、价格高，但存取速度快，它常用作高速缓冲存储器（Cache）。Cache 的速度基本上与 CPU 速度相匹配，它的位置在 CPU 与内存之间，如图 1-7 所示。

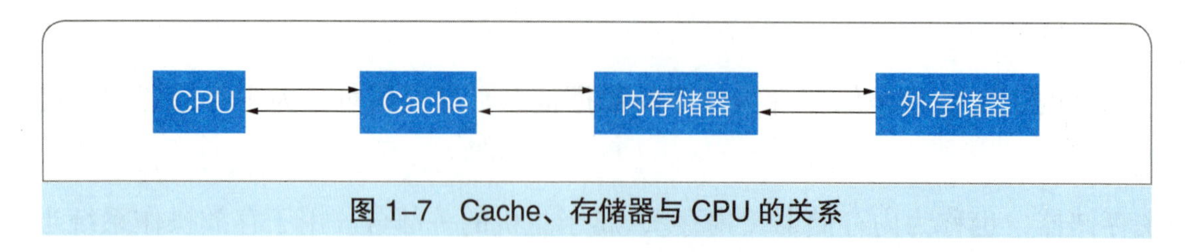

图 1-7 Cache、存储器与 CPU 的关系

通常情况下，Cache 中保存着内存中部分数据的镜像。CPU 在读写数据时，首先访问 Cache。如果 Cache 含有所需的数据，就不需要访问内存；如果 Cache 中不含有所需的数据，才去访问内存。设置 Cache，就是为了提高机器运行速度。

动态随机存储器使用半导体器件中分布电容上有无电荷来表示“0”和“1”的，因为保存在分布电容上的电荷会随着电容器的漏电而逐步消失，所以需要周期性地给电容充电，称为刷新。这类存储器集成度高、价格低、存储速度慢。

② ROM。

ROM 是指只读存储器，表明只能做读出操作而不能做写入操作。其信息是在制造时用专门的设备一次性写入的，只读存储器用来存放固定不变且重复执行的程序。只读存储器中的内容是永久性的，即使关机或断电也不会消失。

目前，有多种形式的只读存储器，常见的有如下几种：

PROM：可编程的只读存储器。

EPROM：可擦除的可编程只读存储器。

EEPROM：可用电擦除的可编程只读存储器。

2）外存储器。

外存储器大都采用晶体管、磁性和光学材料制成。与内存储器相比，外存储器的特点是存储容量大，价格较低，而且在断电的情况下也可以长期保存信息，所以称为永久性存储器。其缺点是存取速度比内存储器慢，常见的外存储器有硬盘、光盘、优盘（U 盘）等。

（3）输入设备。

输入设备的作用是向计算机系统输入数据。输入设备主要包括键盘、鼠标等，另外也有触摸屏、麦克风、摄像头、扫描仪、条形码扫描仪等。

（4）输出设备。

输出设备的作用是将计算机系统的数据输出。输出设备主要包括显示器、打印机、音箱、绘图仪等。

计算机硬件系统如图 1-8 所示。

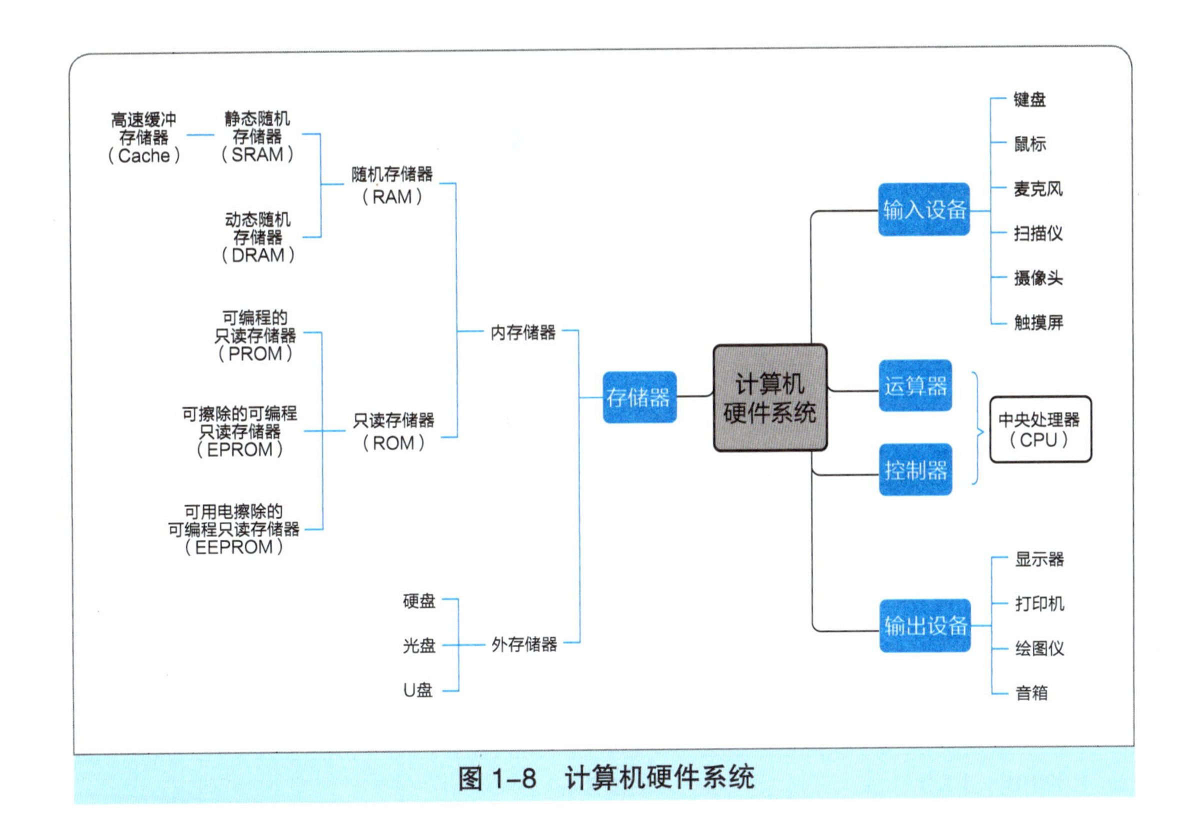

图 1-8　计算机硬件系统

2. 计算机软件系统

计算机软件系统分为系统软件和应用软件两部分。

（1）系统软件。

系统软件是计算机必备的，用以实现计算机系统的管理、控制、运行、维护，并完成应用程序的装入、编译等任务的程序。系统软件与具体应用无关，是在系统一级上提供的服务。常用的系统软件包括操作系统、编译程序、语言处理程序和数据库管理系统等，如操作系统，机器语言、汇编语言和高级语言系统，数据库系统等。

（2）应用软件。

应用软件是为了解决计算机应用中的实际问题而编制的程序。它包括商品化的通用软件和实用软件，也包括用户自己编制的各种应用程序。常用的应用软件包括通用软件，如文字处理软件、音视频处理软件、图形图像处理软件、社群软件等，也包括定制软件，如为特定需求而专门开发的、应用面相对较窄的、运行效率较高的股票分析软件、工资管理软件、学籍管理软件和企业经营管理软件等。

计算机软件系统如图 1-9 所示。

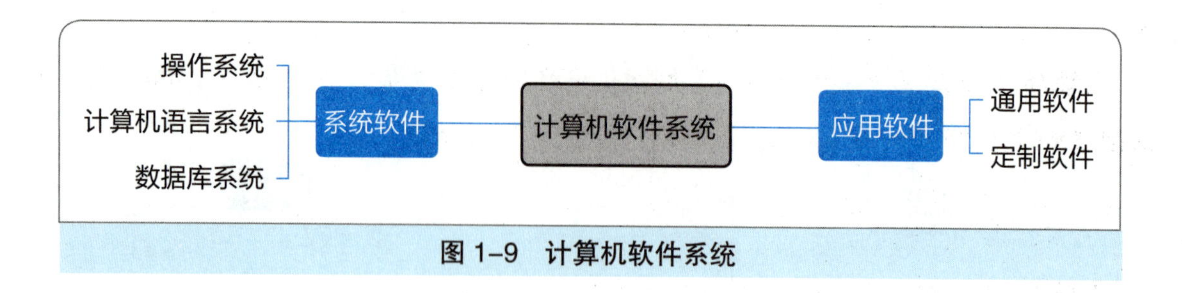

图 1-9 计算机软件系统

二、数据存储单位

随着计算机的发展，特别是大数据技术的应用，计算机中的数据存储量越来越大，其存储单位也不断变化，如表 1-1 所示。

表 1-1 数据存储单位

存储单位	英文单位	中文含义
8 bit = 1 Byte	Byte	一字节
1 024 B = 1 KB	Kilo Byte	千字节
1 024 KB = 1 MB	Mega Byte	兆字节
1 024 MB = 1 GB	Giga Byte	吉字节
1 024 GB = 1 TB	Tera Byte	太字节
1 024 TB = 1 PB	Peta Byte	拍字节
1 024 PB = 1 EB	Exa Byte	艾字节
1 024 EB = 1 ZB	Zetta Byte	泽字节
1 024 ZB = 1 YB	Yotta Byte	尧字节
1 024 YB = 1BB	Bronto Byte	珀字节
1 024 BB = 1 NB	Nona Byte	诺字节
1 024 NB = 1 DB	Dogga Byte	刀字节

例题分析

例题 1

【填空题】信息系统是由__________、__________、__________、信息资源、信息用户和规章制度组成的用于__________为目的的人机一体化系统。

【答案】硬件　软件　网络和通信设备　处理信息流

【解析】信息系统是由硬件、软件、网络和通信设备、信息资源、信息用户和规章制度组成的用于处理信息流为目的的人机一体化系统。

例题 2

【单选题】计算机系统包括硬件系统和（　　）。

A. 操作系统　　B. 软件系统　　C. 系统软件　　D. 显示器

【答案】B

【解析】计算机系统是最常见的信息系统，它包括硬件系统和软件系统，二者缺一不可。

例题 3

【单选题】在信息系统中数据存储和运算要使用（　　）进制数。

A. 二　　B. 八　　C. 十　　D. 十六

【答案】A

【解析】在信息系统中使用十进制、二进制和十六进制，数据存储和运算要使用二进制数。

例题 4

【多选题】计算机硬件系统由（　　）构成。

A. 运算器　　B. 控制器　　C. 存储器　　D. 输入、输出设备

【答案】ABCD

【解析】计算机硬件系统由运算器、控制器、存储器、输入设备和输出设备五部分构成。

例题 5

【判断题】数据指的是用数目表示的一个量的多少。（　　）

【答案】×

【解析】数据（Data）是对客观事物的性质、属性、状态以及相互关系等进行记载的物理符号或符号的组合。

练习巩固

一、填空题

1. 信息系统主要包括五个基本功能，即________、________、________、________和________。

2. 软件是指信息系统中完成采集、处理、存储和输出信息等特定任务的________和________的集合。

3. 美国国家信息交换标准代码，简称 ASCII 码，其包含________、________，以及常用符号 *、#、@ 等 128 个字符。

4. 计算机数据运算和存储单位通常包括________、________、________。

5. 数据以某种格式记录在计算机等电子信息产品内部或________上。

二、单项选择题

1. 计算机技术中，英文缩写 CPU 的中文译名是（　　）。

A. 控制器　　B. 运算器　　C. 中央处理器　　D. 寄存器

2. 计算机软件系统由（　　）两部分组成。

A. 网络软件、应用软件　　B. 操作系统、网络系统

C. 系统软件、应用软件　　D. 服务器端系统软件、客户端应用软件

3. 在计算机内部用来传送存储加工处理的数据或指令所采用的形式是（　　）。

A. 十进制码　　B. 二进制码　　C. 八进制码　　D. 十六进制码

4. 系统软件中最重要的是（　　）。

A. 解释程序　　B. 操作系统　　C. 数据库管理系统　　D. 工具软件

5. 在外部设备中，扫描仪属于（　　）。

A. 输出设备　　B. 存储设备　　C. 输入设备　　D. 特殊设备

6. 计算机采用二进制数制是因为二进制数（　　）的优点。

A. 代码表示简短、易读

B. 物理上容易实现且简单可靠，运算规则简单，适合逻辑运算

C. 容易阅读，不易出错

D. 只有 0 和 1 两个符号，容易书写

7. 一个字节包含的二进制位数是（　　）位。

A. 8　　B. 16　　C. 32　　D. 64

8. 十进制数 26 转换成二进制数为（　　）。

A. 10110　　B. 11010　　C. 10011　　D. 10101

9. 1 MB=（　　）。

A. 1 000 KB　　B. 1 024 KB　　C. 1 000 B　　D. 1 024 B

10. 个人计算机的数据主要存储在（　　）中。

A. 内存　　B. CPU　　C. 硬盘　　D. 优盘

三、多项选择题

1. 下列选项中，属于硬件的是（　　）。

A. Word　　B. CPU　　C. 显示器　　D. 键盘

2. 计算机的存储系统一般是指（　　）。

A. 内存　　B. 光盘　　C. 硬盘　　D. 外存

3. 在下列数据中，数值相等的数据有（　　）。

A. $(101101)_2$　　B. $(45)_{10}$　　C. $(55)_8$　　D. $(2D)_{16}$

4. 计算机中汉字的表示采用二进制编码。根据应用目的的不同，汉字编码分为（　　）。

A. 外码　　B. 字形码　　C. 交换码　　D. 机内码

5. 1 GB=（　　）。

A. 1 024 KB　　B. 1 204 × 1024 B　　C. 1 024 MB　　D. 1 024 × 1 024 KB

四、判断题

1. 二进制是 1 和 2 两个数字组成的进制方式。（　　）

2. 内存中存放的是当前正在执行的应用程序和所需的数据。（　　）

3. U 盘既可作为输入设备又可作为输出设备。（　　）

4. 计算机软件可分为操作系统和应用软件。（　　）

5. 内存容量的基本单位是 MB。（　　）

任务 3 应用信息技术设备

任务目标

◎掌握计算机类设备的类型和特点；

◎掌握计算机类设备主要部件及特点；

◎了解计算机的外围设备；

◎了解计算机主机与外围设备的连接方法；

◎了解移动终端投屏和无线网络的设置与连接方法。

任务梳理

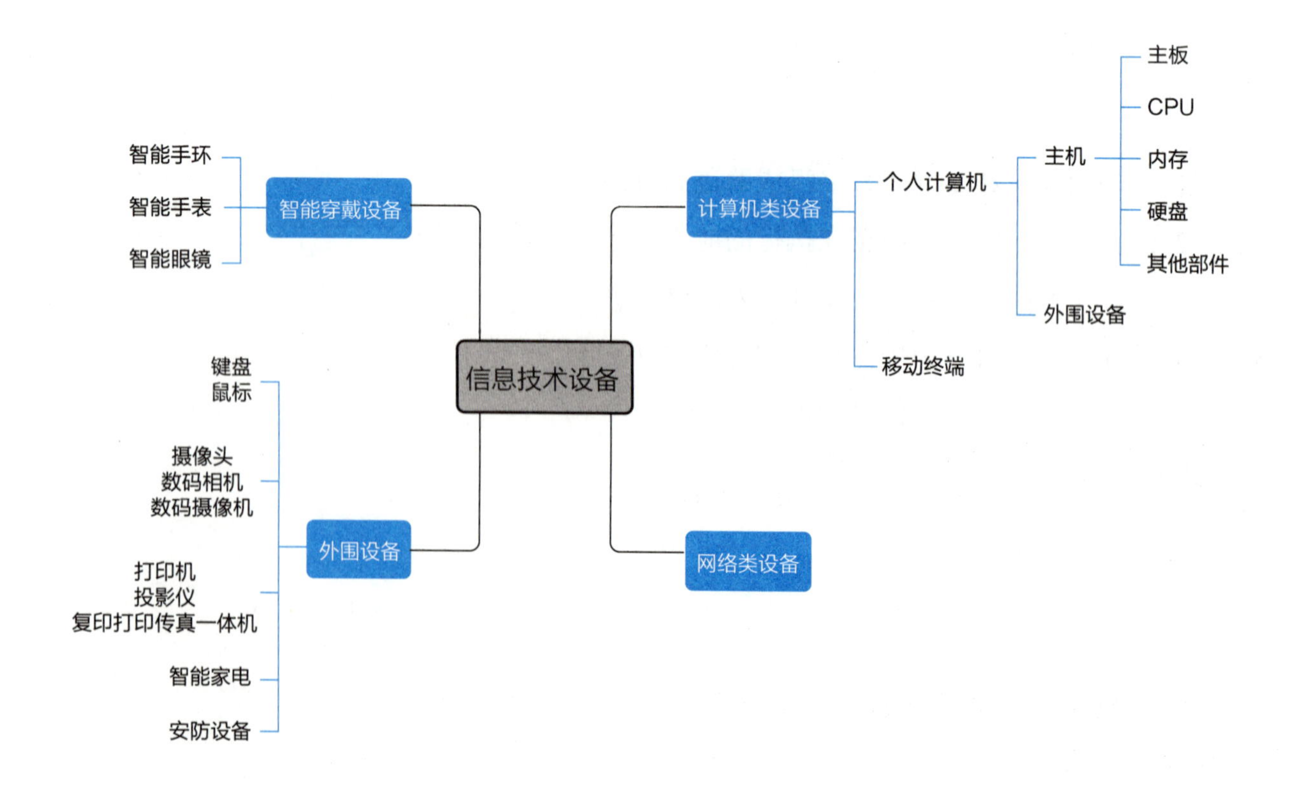

■ 知识进阶

一、计算机外设接口

I/O 接口是主机与外部设备进行数据交换的桥梁。计算机有很多接口，用于输入输出，常见的 I/O 接口有串行接口、并行接口、USB 接口等，如表 1–2 所示。

表 1–2 常见 I/O 接口

接口名称	描述	特点
串行接口	也称为串行通信接口（COM 口），是采用串行通信方式的扩展接口，串行接口数据通信会一位一位地顺序传送，数据传输速率一般为 115~230 Kbps	适用于远距离传输，可连接计算机与鼠标，外置 modem、老式摄像头和手写板等。串行接口不支持热插拔
并行接口	采用并行传输方式来传输数据的接口标准，一次可以同时传送多个比特。数据传输速率最高可达 16 Mbps	主要用于打印机和绘图仪，一般被称为打印接口或 LPT 接口
PS/2	输入装置接口，不是数据传输接口，而是计算机上使用的键盘、鼠标接口。鼠标接口为绿色，键盘接口为紫色	没有传输速率，只有采样频率，PS/2 鼠标采样频率默认为 60 次 / 秒，不支持热插拔
USB 接口	通用串行总线，是应用在个人计算机领域的新型接口技术	最大的特点是支持热插拔
HDMI 接口	高清晰度多媒体接口，是一种数字化视频 / 音频接口技术。HDMI2.1 版本的数据传输速率高达 42.6 Gbps	可以同时传送音频和影像信号，支持热插拔
VGA 接口	是 IBM 公司提出的一个使用模拟信号的计算机显示标准，是计算机主机为显示器输出数据的专用接口，共 15 孔，分成 3 排，每排 5 个	它传输图像信号，不传输音频信号
音频输入输出接口	连接传声器、其他声源与计算机相连的接口	通常与传声器、线路输入和其他声源输入设备配合使用

二、总线结构

计算机中的各个部件通过总线相连，因此各个部件间的通信关系变成面向总线的单一关系，如图 1–10 所示。

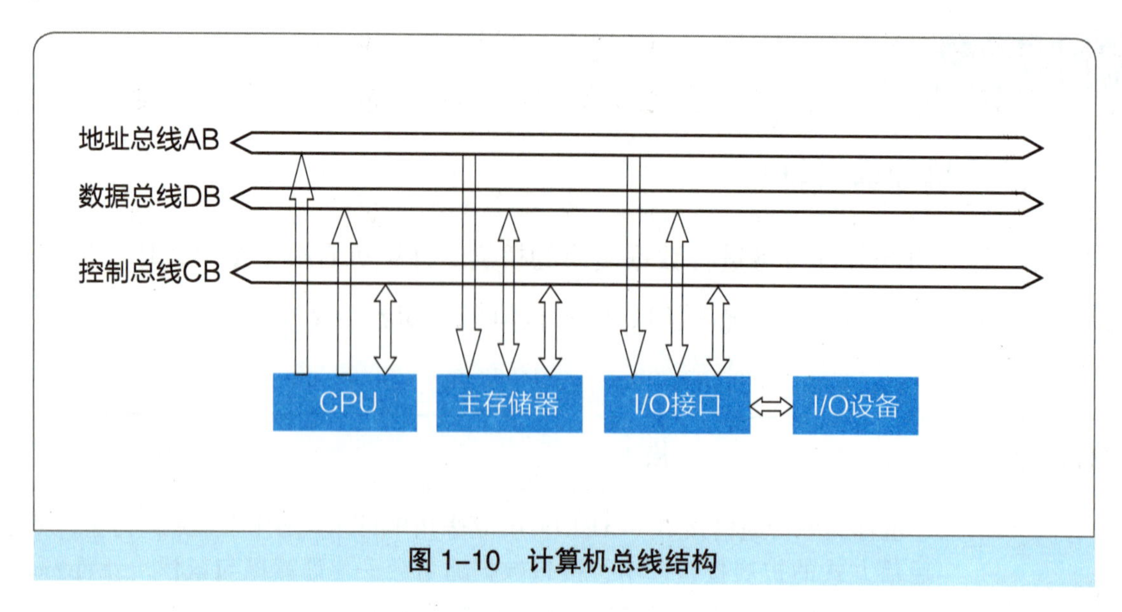

图 1–10　计算机总线结构

计算机在任一瞬间总线上只能出现一个部件发往另一个部件的信息，这意味着总线只能分时使用，需要加以控制。总线使用权的控制是设计计算机系统时要认真考虑的重要问题。

总线是一组物理导线，并非一根。根据总线上传送的信息不同，总线分为地址总线、数据总线和控制总线。

1. 地址总线（Address Bus）

地址总线传送地址信息。地址是识别信息存放位置的编号，主存储器的每个存储单元及 I/O 接口中不同的设备都有各自不同的地址。地址总线是 CPU 向主存储器和 I/O 接口传送地址信息的通道，它是自 CPU 向外传输的单向总线。

2. 数据总线（Data Bus）

数据总线传送系统中的数据或指令。数据总线是双向总线，一方面作为 CPU 向主存储器和I/O 接口传送数据的通道;另一方面，是主存储器和I/O 接口向 CPU 传送数据的通道，数据总线的宽度与 CPU 的字长有关。

3. 控制总线（Control Bus）

控制总线传送控制信号。控制总线是 CPU 向主存储器和 I/O 接口发出命令信号的通道，又是外界向 CPU 传送状态信息的通道。

通常用总线宽度和总线频率表示总线的特征。总线宽度为一次能并行传输的二进制位数，即 64 位总线一次能传送 64 位数据。总线频率则用来表示总线的速度，目前常见的总线频率有 266 MHz、333 MHz、400 MHz、533 MHz、800 MHz 几种，前端总线频率越大，代表着 CPU 与主板北桥芯片之间的数据传输能力越大，更能充分发挥出 CPU 的功能。

总线在发展过程中已逐步形成标准化，现最常见的总线标准是 PCI-E 总线。

■ 例题分析

例题 1

【填空题】(　　) 是指利用信息技术对信息进行处理过程中所用到的设备的总称。

【答案】信息技术设备

【解析】信息技术设备是指利用信息技术对信息进行处理过程中所用到的设备的总称。也就是指在现代信息系统中获取、加工、存储、变换、显示、传输信息的物理装置和机械设备。

例题 2

【单选题】运算器和 (　　) 构成计算机的中央处理器 (CPU)。

A. 内存　　B. 外存　　C. 控制器　　D. 输入输出设备

【答案】C

【解析】计算机的中央处理器 CPU 包括运算器和控制器两部分，其中运算器的主要功能是进行算术运算和逻辑运算，而控制器由程序计数器、指令寄存器、指令译码器、时序产生器和操作控制器组成，它是发布命令的“决策机构”，即完成协调和指挥整个计算机系统的操作。

例题 3

【单选题】计算机的运算速度主要由 (　　) 指标决定。

A. CPU 主频　　B. 显示器分辨率　　C. 硬盘容量　　D. 显卡

【答案】A

【解析】CPU 是计算机系统的运算和控制核心，其性能决定整机的性能高低。

例题 4

【多选题】硬盘是计算机的主要存储设备，主要有（　　）和（　　）两种。

A. 机械硬盘　　B. 磁盘　　C. 固态硬盘　　D. 光盘

【答案】AC

【解析】如果从存储数据的介质上来区分，硬盘可分为机械硬盘（Hard Disk Drive, HDD）和固态硬盘（Solid State Disk, SSD），机械硬盘采用磁性碟片存储数据，而固态硬盘通过闪存颗粒存储数据。

例题 5

【判断题】内存属于外部设备，不能与 CPU 直接交换信息。（　　）

【答案】×

【解析】内存是计算机中重要的部件之一，它是外部设备与 CPU 沟通的桥梁。计算机中所有程序的运行都是在内存中进行的，因此内存的性能对计算机的影响非常大。

练习巩固

一、填空题

1. 信息技术设备通常分为__________、__________、__________、__________等。

2. 计算机中最大的电路板是__________。

3. 请列举出 3 种常见的可穿戴设备：__________、__________、__________。

4. 信息技术设备接入无线网络通常采用__________接入和__________接入两种方式。

5. 我国自主研发的第一款通用 CPU 是__________。

二、单项选择题

1. 个人计算机属于（　　）计算机。

A. 微型　　B. 小型　　C. 中型　　D. 大型

2.（　　）是可以在移动中使用的计算机设备。

A. 蓝牙音箱　　B. 智能手机　　C. 无线鼠标　　D. 打印机

3. CPU 与显示器的接口是（　　）。

A. 显示器　　B. 显卡　　C. 显存　　D. 投影仪

4. 计算机性能指标包括多项，下列项目中（　　）不属于主要性能指标。

A. 主频　　B. 字长　　C. 运算速度　　D. 重量

5. HDMI 是（　　）设备与计算机连接的接口类型。

A. 网络　　B. 打印　　C. 显示　　D. 存储

6. 在微型计算机中，ROM 是（　　）。

A. 读写存储器　　B. 随机存取存储器

C. 只读存储器　　D. 高速缓存存储器

7. 按住（　　）组合键可快捷调出连接投影仪的窗口。

A. Win+P　　B. Win+G　　C. Win+R　　D.Win+D

8. 有线网络接口方式是（　　）。

A. RJ-11　　B. DP　　C. SIM　　D. RJ-45

9. 将音频信号还原为声音并输出的设备是（　　）。

A. 声卡　　B. 音箱　　C. 传声器　　D. 显示器

10. 我国高性能计算机形成三大系列，即银河系列、曙光系列和（　　）。

A. 宇宙系列　　B. 天河系列　　C. 嫦娥系列　　D. 神威系列

三、多项选择题

1. 属于计算机主板常有的接口是（　　）。

A. PS/2 接口　　B. USB 接口　　C. VGA 接口　　D. HDMI 接口

2. 键盘一般可通过（　　）方式与计算机相连。

A. PS/2 接口　　B. USB 接口　　C. VGA 接口　　D. HDMI 接口

3. 常用的计算机外围设备有（　　）。

A. 鼠标　　B. 打印机　　C. 显示器　　D. 音箱

4. 摄像头可分为（　　）两大类。

A. 数字摄像头　　B. 针式摄像头　　C. 模拟摄像头　　D. 黑白摄像头

四、判断题

1. 如果没有机箱的保护，计算机就不能工作。（　　）

2. 硬盘容量的单位为 MB 或 GB。（　　）

3. 笔记本电脑按 F10 键一定能实现选择投影方式。（　　）

4. 显示器是计算机基本的输出设备。（　　）

5. 移动终端需要有手机卡并开通数据流量服务才能接入无线网络。（　　）

任务 4 使用操作系统

任务目标

◎掌握操作系统的概念；
◎了解主流的操作系统的分类及特点；
◎了解不同类型操作系统自带的基本软件；
◎能正确安装和卸载应用软件；
◎了解维护操作系统的基本方法。

任务梳理

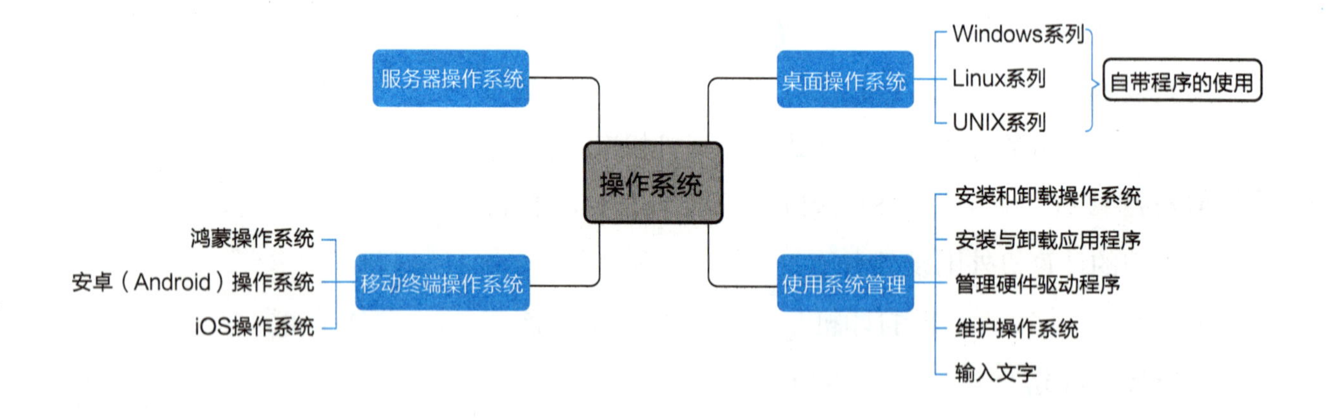

知识进阶

一、操作系统的作用

操作系统不仅仅是计算机硬件和软件的接口，还是计算机与用户之间的接口。它的主要功能有作业管理、文件管理、存储管理、设备管理以及进程管理，如表 1–3 所示。

表 1–3 操作系统的功能

功能	描述
作业管理	包括任务管理、界面管理、人机交互、语音控制和虚拟现实等，其中任务管理和界面管理比较常用
文件管理	又称信息管理，是对计算机系统软件资源的管理，包括用户的各种程序和数据。用户使用文件时，不需要知道文件存放的位置，只要知道文件的名字就可以进行相应的操作
存储管理	实质上是对存储空间的管理，主要是针对内存的管理。由于物理内存远远不能满足人们使用需求，通过使用虚拟内存技术，可让有限的物理内存的进程有足够的内存空间
设备管理	对硬件设备的管理，包括输入设备和输出设备的分配和启动。操作系统能有效地管理各种计算机资源，以提高整个系统的功能和可靠性。尤其是当用户同时进行多项任务时，操作系统负责给每一项任务合理分配资源
进程管理	也称为处理机管理，是对处理机执行时间的管理，即如何将 CPU 真正合理地分配给每个任务

二、汉字录入

西方的拼音文字由字母组成，而且西方人使用键盘打字机已有很久的历史，因此计算机输入没有障碍。而汉字是方块字，每个字都不同，而且中国人也没有使用键盘的传统，因此计算机的输入问题曾经阻碍了计算机在中国的普及和发展。

现有的汉字编码已有四五百种之多，主要通过键盘输入，可分为形码、声码和形声码。五笔字型是形码，它把汉字分解为若干字根，分别由字母代表；声码则是根据汉语拼音制作的编码，如双拼双音输入法；形声码是把形码和声码的特点结合起来，将字根转换成拼音进行编码，兼有两者的优点。

汉字编码正朝着日趋简化的方向发展，语音识别、图像识别等输入技术已逐渐趋于完善，并得以广泛应用，使汉字电脑输入变得越来越容易。

例题分析

例题 1

【填空题】（　　）是用于管理和控制计算机等信息技术设备软件、硬件以及信息资源的专门程序。

【答案】操作系统

【解析】操作系统（Operating System，OS）是管理计算机硬件与软件资源的计算机程序。操作系统需要管理与配置内存、决定系统资源供需的优先次序、控制输入设备与输出设备、操作网络与管理文件系统等基本事务。操作系统也提供一个让用户与系统交互的操作界面。

例题 2

【单选题】Windows 将整个计算机显示屏幕看作（　　）。

A. 背景　　B. 工作台　　C. 桌面　　D. 窗口

【答案】C

【解析】在 Windows 中，将整个计算机显示屏幕看作桌面。桌面是计算机启动后，操作系统运行到正常状态下显示的主屏幕区域。

例题 3

【单选题】下列属于计算机操作系统的是（　　）。

A. Windows 7　　B. Linux　　C. UNIX　　D. 以上全部

【答案】D

【解析】常见的计算机操作系统有 Windows 系列（其中包括 Windows 7、Windows 10 等）、Linux 操作系统、UNIX 操作系统等。

例题 4

【多选题】计算机操作系统窗口由（　　）等组成。

A. 标题栏　　B. 菜单栏　　C. 工具栏　　D. 状态栏

【答案】ABCD

【解析】Windows 计算机操作系统窗口的主要组成部分有标题栏、菜单栏、工具栏、状态栏、最大化按钮、最小化按钮。

例题 5

【判断题】如果想卸载程序，只要找到相关文件和文件夹进行删除即可。(　　)

【答案】×

【解析】安装程序除了复制文件到硬盘上，还在注册表上添加了许多内容，这些也要被删除。

练习巩固

一、填空题

1. Windows 10 操作系统是由__________公司开发的操作系统。

2. __________操作系统是由苹果公司开发的移动操作系统。

3. __________是一种用于操作系统和硬件设备通信的程序。

4. 同时按下__________组合键，可以切换不同输入法。

5. __________是一个 Windows 基本的文本编辑程序，用其创建的文件后缀名为 .txt。

二、单项选择题

1. 安卓操作系统是一种基于(　　)内核的自由且开放源代码的操作系统。

A. Windows 7　　B. Linux　　C. UNIX　　D. iOS

2. Deepin 操作系统中，(　　)用户一定是管理员。

A. Su　　B. Administrator　　C. Guest　　D. Root

3. 在 Windows 10 操作系统中，用户安装程序不能从(　　)位置安装。

A. 光盘　　B. 硬盘　　C. Internet　　D. 内存

4. Windows 10 操作系统自带的全新浏览器是(　　)。

A. Edge　　B. Chrome　　C. UC　　D. Firefox

5. “画图”是一个用于(　　)的应用程序。

A. 文字处理　　B. 图形处理　　C. 程序处理　　D. 信息处理

6. 单击(　　)按钮后，当前程序窗口将不可见。

A. 最大化　　B. 最小化　　C. 还原　　D. 关闭

7. 选择“ °, ”方式为(　　)。

A. 英文标点　　B. 中文标点　　C. 句号标点　　D. 逗号标点

8. 我国首个量子计算机操作系统发布于（　　）年。

A. 2019　　B. 2020　　C. 2021　　D. 2022

9. 全角字符占用（　　）个字节位置。

A. 1　　B. 2　　C. 3　　D. 4

10. 手写输入是（　　）输入。

A. 拼音　　B. 字形　　C. 光学识别　　D. 语音识别

三、多项选择题

1. 目前智能手机的主流操作系统有（　　）。

A. 安卓操作系统　　B. iOS 操作系统　　C. 鸿蒙操作系统　　D. mac 操作系统

2. 常见的服务器操作系统主要有（　　）。

A. Windows server 系列　　B. Linux 系列

C. UNIX 系列　　D. Netware 系列

3. 操作系统的功能有（　　）。

A. 作业管理　　B. 程序管理　　C. 存储管理　　D. 设备管理

4. 操作系统的窗口滚动条一般显示在（　　）。

A. 上方　　B. 下方　　C. 左侧　　D. 右侧

5. 文字输入方式有（　　）。

A. 键盘输入　　B. 手写输入　　C. 语音输入　　D. 扫描输入

四、判断题

1. 没有安装操作系统的计算机叫裸机。（　　）

2. Mac OS 不是苹果公司而是微软公司开发的计算机操作系统。（　　）

3. 计算机操作系统窗口最大化按钮与还原按钮可以同时显示。（　　）

4. 卸载程序可通过系统自带的应用管理工具。（　　）

5. 讯飞输入法只支持语音输入。（　　）

任务5 管理信息资源

任务目标

◎了解文件和文件夹的概念与作用；

◎会运用文件和文件夹等对信息资源进行操作管理；

◎了解常见信息资源类型，会检索和调用信息资源；

◎会对信息资源进行压缩、加密和备份。

任务梳理

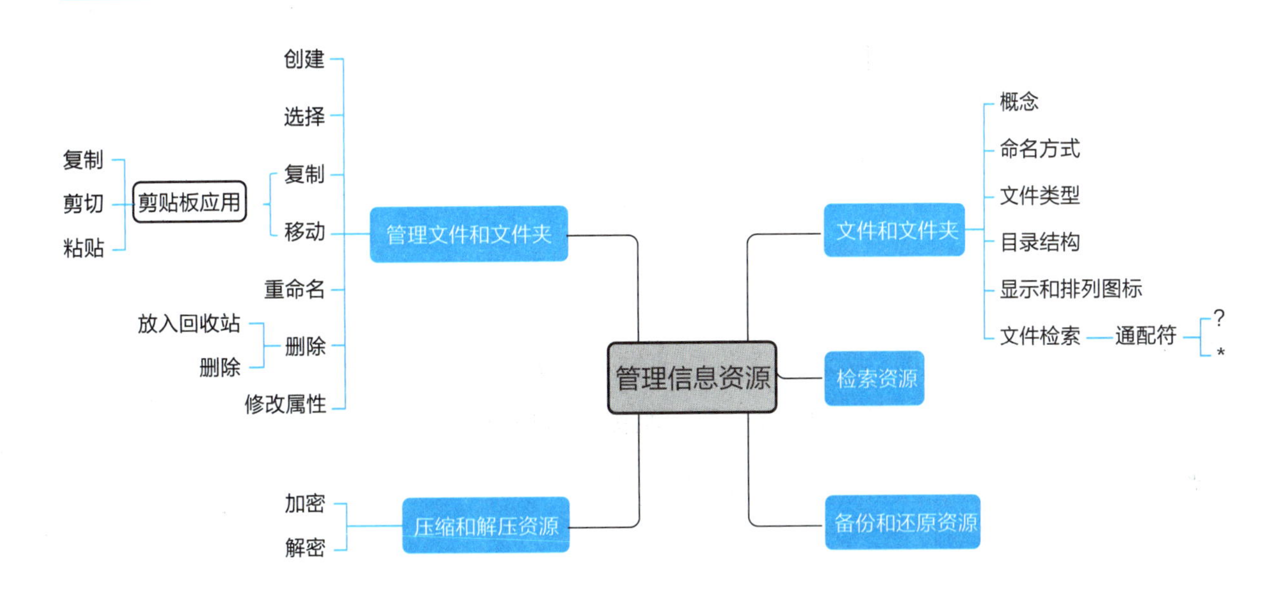

知识进阶

一、Windows 资源管理器

文件资源管理器是一项系统服务，负责管理数据库、持续消息队列或事务性文件系统中的持久性或持续性数据，资源管理器存储数据并执行故障恢复。“文件资源管理器”

是 Windows 系统提供的资源管理工具，我们可以用它查看本台计算机的所有资源，特别是它提供的树形文件系统结构，使我们能更清楚、更直观地认识计算机的文件和文件夹。另外，在“资源管理器”中还可以对文件或文件夹进行各种操作，如新建、打开、复制、移动、重命名、删除和隐藏等操作。

二、文件或文件夹的复制与移动注意事项

在进行文件夹复制或移动时，如果目标文件夹中已存在同名文件夹，会弹出“替换或跳过文件”对话框，如图 1–11 所示。

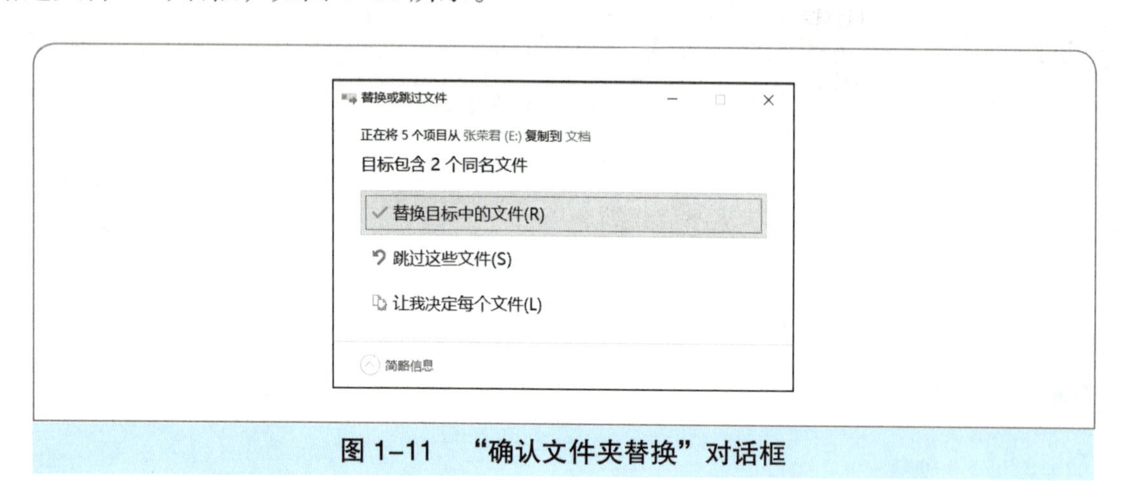

图 1–11 “确认文件夹替换”对话框

注意，复制、移动文件或文件夹时，文件或文件夹应处于关闭状态，否则无法进行移动操作，复制操作虽能进行，但复制的是文件打开前的状态。

三、重命名文件或文件夹技巧

重命名文件或文件夹时，先选定文件或文件夹，按下快捷键“F2”，或者右击需要重命名的文件或文件夹，再按键盘上的“M”键，输入新的名称，最后按回车键（Enter）即可。

四、文件扩展名的隐藏与恢复

Windows 10 操作系统中，除了可通过图标识别文件类型外，还可以根据文件扩展名进行识别。但在 Windows 10 操作系统的资源管理器中，默认不显示文件扩展名。

显示扩展名的操作方法：单击资源管理器窗口中的“查看”选项卡，在“显示 / 隐藏”列表框中，取消勾选“文件扩展名”复选框，如图 1–12 所示。

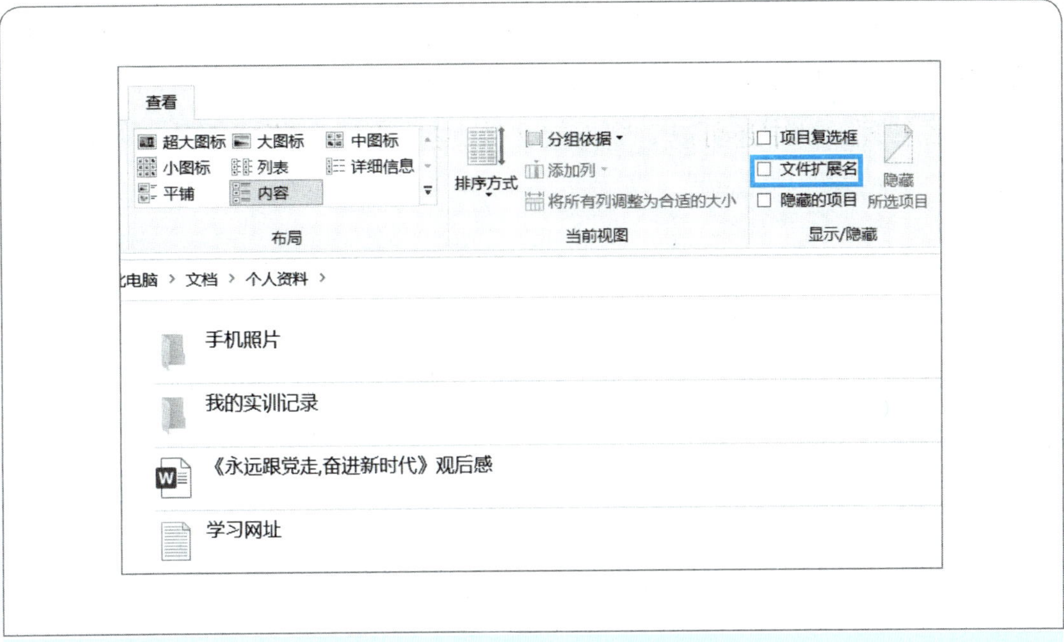

图 1-12　取消勾选“文件扩展名”

例题分析

例题 1

【**填空题**】常见图像文件类型的扩展名有__________、__________、__________、__________、__________。

【**答案**】.jpeg　.png　.gif　.bmp　.tif

【**解析**】常见图像文件类型的扩展名有.jpeg（一种有损光栅格式）、.png（一种无损光栅格式，代表便携式网络图形）、.gif（一种无损光栅格式，代表图形交换格式）、.bmp（体积较大，占用空间较多）、.tif。

例题 2

【**单选题**】在 Windows 中，当选定文件或文件夹后，下列操作中（　　）不能删除文件或文件夹。

A. 按下键盘上的 Delete 键

B. 右键单击该文件或文件夹，在弹出的快键菜单中选择“删除”命令

C. 用鼠标左键双击该文件或文件夹

D. 在“文件”菜单中选择“删除”命令

【答案】C

【解析】用鼠标左键双击文件或文件夹，是打开文件、文件夹或应用程序。

例题 3

【单选题】在计算机中对视频文件进行压缩，主要是为了（　　）。

A. 减小视频文件的大小　　B. 减小视频亮度

C. 改变视频画面尺寸大小　　D. 以上答案都不正确

【答案】A

【解析】对视频文件进行压缩后，得到的压缩文件比源文件小，以减少对硬盘空间的占用和缩短在网络中传输的时间，常用的免费或开源压缩软件有 WinRAR、7-ZIP 等。

例题 4

【多选题】在文件或文件夹检索中，用到的通配符是（　　）。

A. %　　B. *　　C. ?　　D. &

【答案】BC

【解析】在检索过程中，会使用某一类或文件名有一定规律的文件，这时可以使用通配符，通配符可以代表一个或一串字符。问号（？）代表一个字符，星号（*）代表一串字符。

例题 5

【判断题】文件或文件夹被隐藏后就再也无法显示。（　　）

【答案】×

【解析】如果要显示隐藏的文件或文件夹，操作步骤如下：单击“工具”菜单，选择“文件夹选项”命令，在弹出的“文件夹选项”对话框中单击“查看”选项卡，在“高级设置”列表框中找到“隐藏文件或文件夹”操作，选择“显示隐藏的文件、文件夹和驱动器”即可显示被隐藏的文件或文件夹。

练习巩固

一、填空题

1. 在 Windows 的文件类型中，“.bmp”是__________文件类型，“.mp4”是__________文件类型。

2. 文件或文件夹属性有__________、__________和__________三种。

3. 删除文件或文件夹时可用到__________菜单中的__________命令。被删除的对象一般放到__________。按__________快捷键删除的文件将无法恢复。

4. 在 Windows 中，U 盘上删除的文件或文件夹__________用“回收站”进行恢复。

5. 在 Windows 中，使用快捷键删除的文件或文件夹可以从__________进行恢复。

二、单项选择题

1. 在 Windows 资源管理器中选定了文件或文件夹后，若要将它们复制到同一驱动器（同一个逻辑盘）的文件夹中的操作是（　　）。

A. 按下 Alt 键拖动鼠标　　B. 按下 Shift 键拖动鼠标

C. 按下 Ctrl 键拖动鼠标　　D. 单击选定后，直接拖移鼠标

2. 在 Windows 中，新建文件夹的错误操作是（　　）。

A. 在“资源管理器”窗口中，单击“文件”菜单中的“新建”子菜单中的“文件夹”命令

B. 在 Word 程序窗口中，单击“文件”菜单中的“新建”命令

C. 在某个驱动器或用户文件夹窗口中，单击“文件”菜单中的“新建”子菜单中的“文件夹”命令

D. 右击资源管理器的“文件夹内容”窗口的任意空白处，选择快捷菜单中的“新建”命令项

3. Windows 中，在选定文件或文件夹后，将其彻底删除的操作是（　　）。

A. 使用快捷键 Shift + Delete 删除

B. 按下键盘上的 Delete 键删除

C. 用鼠标直接将文件或文件夹拖放到“回收站”中

D. 用窗口中“文件”菜单中的“删除”命令

4. 在 Windows 中，对文件或文件夹进行重命名，说法不正确的是（　　）。

A. 重命名可在“文件资源管理器”中进行

B. 首先要选定需要重命名的文件或文件夹

C. 用鼠标右键单击文件名，然后选择“重命名”命令，键入新文件名后按回车键

D. 可以对多个文件或文件夹一次更名

5. 在 Windows 10 操作系统中，将一个文件或文件夹设置为“隐藏”属性后，在“文件资源管理器”或“此电脑”的窗口中该文件一般不显示，若想显示被“隐藏”后的文件或文件夹，其操作方法是（　　）。

A. 通过“文件”菜单中的“属性”命令

B. 选择“查看”选项中的“选项”命令，再选择“查看”选项卡就可进行适当的设置

C. 选择“查看”菜单中的“刷新”命令

D. 选择“查看”菜单中的“详细资料”项

6. 在 Windows 10 操作系统中，要把文件图标设置成大图标方式，应在下列哪组选项卡中设置？（　　）

A. 文件　　B. 编辑　　C. 查看　　D. 工具

7. 在 Windows 10 操作系统中，“粘贴”命令的快捷组合键是（　　）。

A. Ctrl + C　　B. Ctrl + X　　C. Ctrl + A　　D. Ctrl + V

8. 在中文 Windows 10 操作系统资源管理器窗口中，要选择多个相邻的文件以便对其进行某些处理操作（如复制、移动），选择文件的方法为（　　）。

A. 用鼠标逐个单击各文件图标

B. 用鼠标单击第一个文件图标，再用右键逐个单击其余各文件图标

C. 用鼠标单击第一个文件图标，按住 Ctrl 键的同时单击最后一个文件图标

D. 用鼠标单击第一个文件图标，按住 Shift 键的同时单击最后一个文件图标

9. 在 Windows 10 窗口中，要选择一批不连续的文件，在选择了开始的第一个文件后按（　　）键，再选择其他文件。

A. Home　　B. Alt　　C. Shift　　D. Ctrl

10. 在 Windows 10 中，利用通配符在“此电脑”中进行文件检索，“*.jpeg”表示的是（　　）。

A. 检索电脑中的所有图像文件

B. 检索电脑中所有扩展名为“.jpeg”的文件

C. 检索电脑中的文件名为 jpeg 的文件

D. 检索 D 盘下所有扩展名为“.jpeg”的图像文件

三、多项选择题

1. 可用于压缩和加密的软件有（　　）。

A. WinRAR　　B. WPS　　C. IE　　D. 7-ZIP

2. 在 Windows 10 资源管理器中选定了文件或文件夹后，若要将它们移动到不同驱动器的文件中，操作为（　　）。

A. 按下 Ctrl 键拖动鼠标　　B. 按下 Shift 键拖动鼠标

C. 按住鼠标左键拖移到目标地址　　D. 按下 Alt 键拖动鼠标

3. 文件的类型包括（　　）。

A. 文本　　B. 图片　　C. 音频　　D. 视频

4. 在 Windows 操作系统中，文件名的命名规则正确的是（　　）。

A. 文件名最长可以使用 255 个字符，用汉字命名，最多可以使用 127 个汉字，英文不区分大小写

B. 文件名可以使用多个 “.” 间隔符，最后一个间隔符后的字符一般被认定为扩展名

C. “Photo-8.1.4-001.jpg” 是一个合法的文件名

D. 文件名字符中可以使用空格

5. 在 Windows 窗口中，“排序方式” 快捷菜单命令可以提供不同的排序方式，分别是按（　　）排序。

A. 名称　　B. 修改日期　　C. 类型　　D. 大小

四、判断题

1. 在 Windows 操作系统中，文件名允许使用空格、《》和中英文。（　　）

2. “FM-520.tar.rar” 是一个合法的文件名，其扩展名为 “.rar”。（　　）

3. 复制文件夹时，如果在目的文件夹中已经存在同名的文件夹，复制和移动时，系统会自动将两个同名文件夹内保存的文件进行合并。（　　）

4. 文件和文件夹处于打开的状态时，也可以进行复制、移动或删除操作。（　　）

5. 以文件形式存储的信息，可以借助压缩工具，将信息所占用的存储空间缩小，以提高存储器的利用率和缩短在网络中传输的时间。（　　）

五、实践操作题

为了防止某些重要但又不常用文件或文件夹被误删，可以将其隐藏。以 “我的实训记录” 文件夹为例，右击要隐藏的 “我的实训记录” 文件夹，在弹出的快捷菜单中选择 “属性” 命令，如图 1-13 所示。在弹出的 “我的日记属性” 对话框中勾选 “隐藏” 复选

框，单击“确定”按钮，如图 1–14 所示。在弹出的对话框中选择“将更改应用于此文件夹、子文件夹和文件”，如图 1–15 所示，单击“确定”按钮即可隐藏文件夹。假如要取消隐藏文件夹设置，可重复以上步骤至图 1–14，取消勾选“隐藏”复选框即可设置取消隐藏设置。

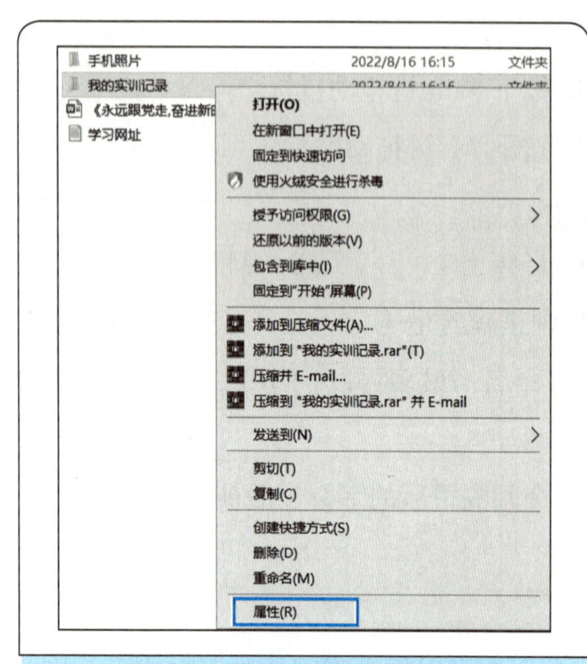

图 1–13 选择“属性”命令操作

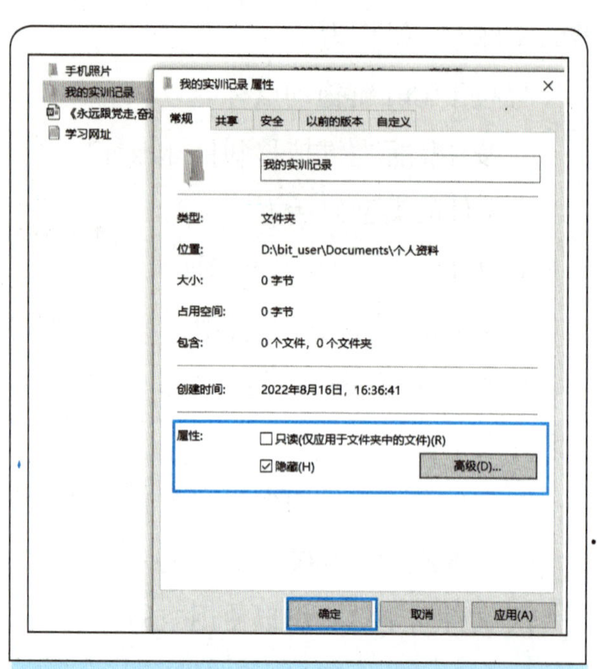

图 1–14 在“属性”对话框进行隐藏选择

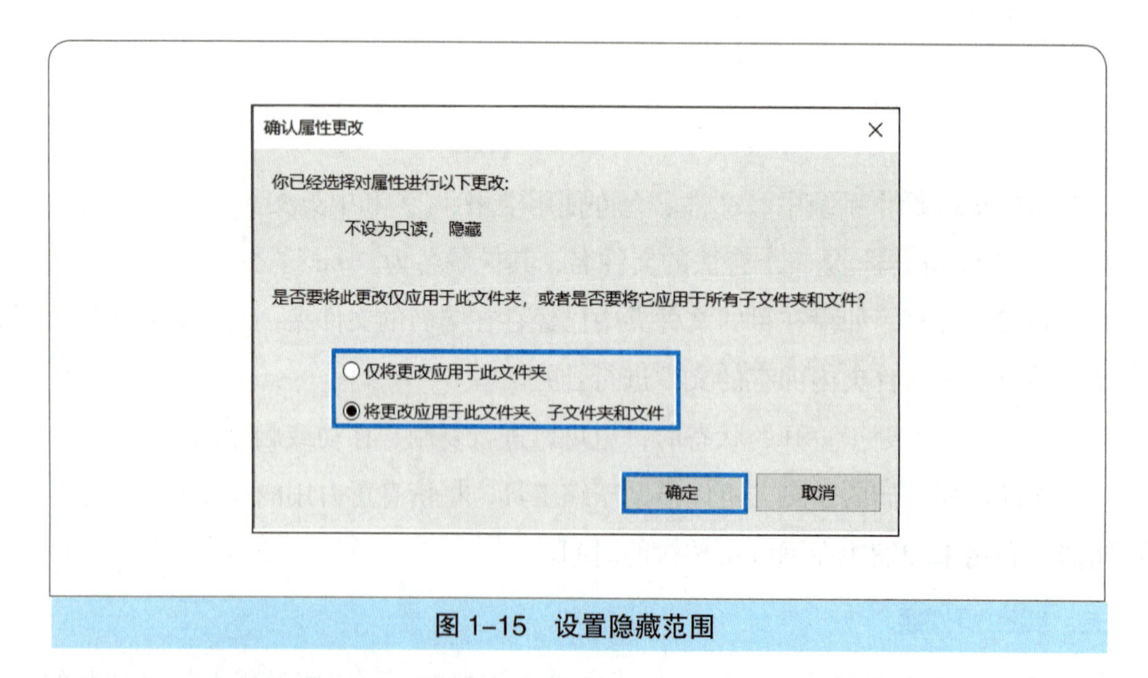

图 1–15 设置隐藏范围

如果要显示隐藏的文件或文件夹，操作步骤如下：

选中所有文件，单击资源管理窗口中的“查看”选项卡，单击“隐藏所选项目”命令，在弹出的“确认属性更改”对话框中，选中“将更改应用于所选项、子文件夹和文件”命令，单击“确定”按钮，如图 1-16 所示。

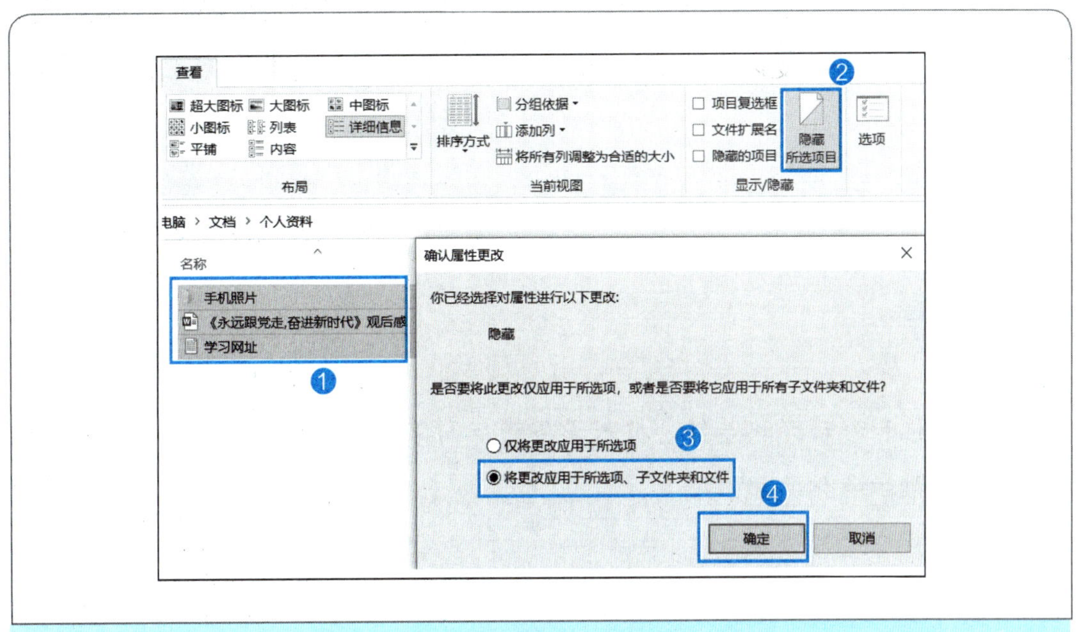

图 1-16　显示隐藏文件或文件夹设置

任务 6 维护信息系统

任务目标

◎能对计算机和移动终端等信息技术设备进行简单的安全设置；

◎了解系统维护的相关知识；

◎能进行用户管理及权限设置；

◎会使用工具软件进行系统测试与维护；

◎会使用“帮助”等工具解决信息技术设备及系统使用过程中遇到的问题。

任务梳理

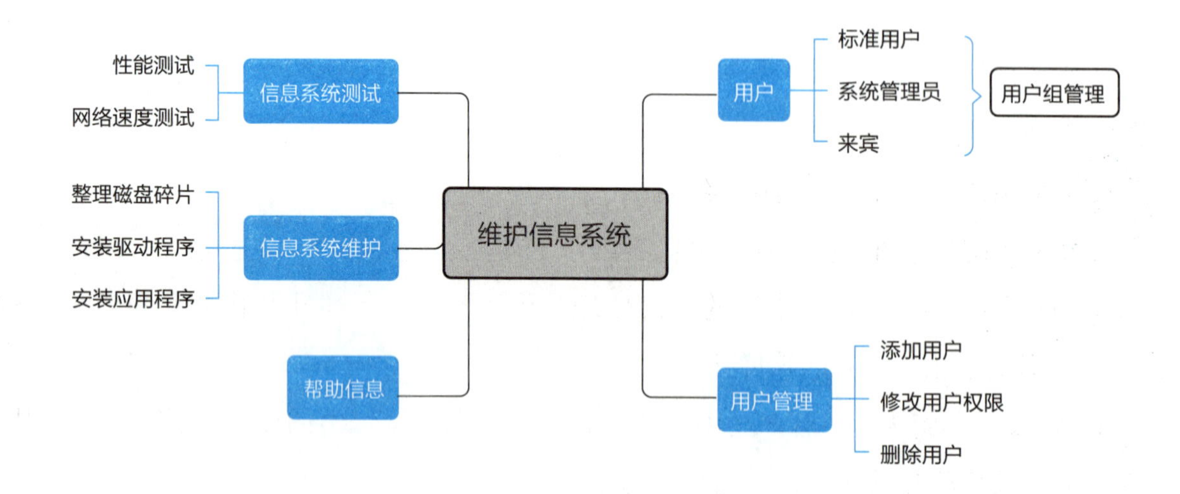

知识进阶

一、Windows 操作系统修复

在使用计算机的时候，可能由于误删系统文件或计算机病毒侵害等原因，操作系统运行会出现问题，此时就需要我们对计算机系统进行修复。修复操作系统有多种方式，

我们可以使用系统自带的工具，也可以使用专用的U盘或光盘修复工具，如果无法修复，就需要重新安装操作系统。在Windows 10操作系统中，我们可以通过系统自带的修复功能，操作步骤为：进入“设置”→“更新和安全”→“恢复”界面，单击“开始”按钮，可重置操作系统。

二、其他操作系统

除了常见的Windows系列操作系统外，还有Linux、UNIX、Deepin操作系统。

1. UNIX操作系统

UNIX操作系统是一个强大的多用户、多任务操作系统，支持多种处理器架构，按照操作系统的分类，属于分时操作系统。

（1）UNIX操作系统的特点。

UNIX系统在计算机操作系统的发展史上占有重要的地位。它对已有技术不断作精细、谨慎而有选择的继承和改造，并且总体设计构想等方面有所发展，才获得成功。

UNIX系统的主要特点表现在以下几个方面：

① UNIX系统在结构上分为核心程序（Kernel）和外围程序（Shell）两部分，而且两者有机结合成为一个整体。

② UNIX系统提供了良好的用户界面，具有使用方便、功能齐全、清晰而灵活、易于扩充和修改等特点。

③ UNIX系统的文件系统是树形结构。

④ UNIX系统将文件、文件目录和设备统一处理。

⑤ UNIX系统包含有非常丰富的语言处理程序、实用程序和开发软件用的工具性软件，向用户提供了相当完备的软件开发环境。

⑥ UNIX系统的绝大部分程序是用C语言编程的，只有约占5%的程序用汇编语言编程。

⑦ UNIX系统还提供了进程间的简单通信功能。

（2）UNIX与Linux对比。

UNIX和Linux的授权方式不同。从根本上讲，UNIX和Linux最大的区别在于前者是对源代码实行知识产权保护的传统商业软件。后者从一开始就是遵循GNU通用公共许可协议（GNU General Publice License，简称GNU GPL或GPL），GPL授予程序接受人以任何目的运行此程序的自由、再发行复制件的自由以及改进程序并公开发布改进的自由。因此，任何个人或者公司都可以在GPL的允许范围之内对Linux的代码进行修改，并且进行再发行。另外，Linux 可以运用于任何领域，包括商业应用。

UNIX 和 Linux 不存在技术上的传承关系。尽管 Linux 的设计思想受到了 UNIX 的很大影响，但是这种影响并不是技术上的，更多的是理念上的。Linux 并没有使用 UNIX 的一行代码，是 Linux 完全从头构建的操作系统。因此，Linux 不是 UNIX 的衍生版，它是一个全新的操作系统。

UNIX 和 Linux 对于硬件的要求不同。由于长期以来，UNIX 都是由一些大型的公司在维护，因此 UNIX 通常与这些公司所生产的硬件相配套，这很大程度上限制了 UNIX 的广泛应用。

UNIX 是一个功能非常全面的操作系统。Linux 是一个开放源代码的产品，任何个人或者公司都可以修改 Linux 内核的源代码，实现或者增强自己想要的功能。

2. Deepin 深度操作系统

Deepin 操作系统是由武汉深之度科技有限公司在 Debian 基础上开发的 Linux 操作系统，其前身是 Hiweed Linux 操作系统，于 2004 年 2 月 28 日开始对外发行，可以安装在个人计算机和服务器中。

例题分析

例题 1

【填空题】Linux 系统是一种多用户多任务操作系统，而广泛使用的 Windows 10 是__________。

【答案】单用户多任务操作系统

【解析】生活中常见的 Windows 7、Windows 10 操作系统都属于单用户多任务操作系统。单用户多任务操作系统是指一台计算机同时只能有一个用户在使用，但可以同时运行多个作业（程序）。单用户单任务操作系统是指一台计算机同时只能有一个用户在使用，该用户一次只能提交一个作业，一个用户独自享用系统的全部硬件和软件资源。

例题 2

【单选题】下列软件中，不是操作系统的是（　　）。

A. Linux　　B. UNIX　　C. DOS　　D. Microsoft Office

【答案】D

【解析】磁盘操作系统（Disk Operating System，DOS）是早期个人计算机上的一类操作系统。Microsoft Office 属于办公软件。

例题 3

【单选题】操作系统将 CPU 的时间资源划分成极短的时间片，轮流分配给各终端用户，使终端用户单独分享 CPU 的时间片，有独占计算机的感觉，这种操作系统称为（　　）。

A. 实时操作系统　　B. 批处理操作系统

C. 分时操作系统　　D. 分布式操作系统

【答案】C

【解析】分时操作系统将系统处理机时间与内存空间按一定的时间间隔，轮流地切换给各终端用户的程序使用，分时操作系统的特点是可有效增加资源的使用率。

例题 4

【多选题】下列各组软件中，属于应用软件的是（　　）。

A. WPS Office 2019　　B. UNIX

C. AutoCAD　　D. 用友财务软件

【答案】ACD

【解析】UNIX 属于分时操作系统。

例题 5

【判断题】操作系统主要是对计算机的所有资源进行统一控制和管理，为用户使用计算机提供方便。（　　）

【答案】√

【解析】操作系统的主要功能有进程管理、存储管理、设备管理、文件管理和作业管理。

练习巩固

一、填空题

1. 在常用的 Windows 操作系统中有__________、__________和__________3 种不同类型的用户，每种用户账号类为不同类型用户提供不同的计算机控制级别。

2. Linux 操作系统由用户和__________组成。

3. 在 Deepin 操作系统中，__________是管理员，具有最高权限。

4. 在 Windows 10 操作系统中不知道如何“添加打印机”时，可以在任务栏搜索框中输入__________，就会显示该问题的帮助信息。

5. 一般的应用程序会自带__________功能，可以通过该功能获取软件的操作说明。

二、单项选择题

1. 在 Windows 10 操作系统中，如果要对用户类型进行更改，需要先以（　　）身份登录。

A. 普通用户　　B. 来宾用户　　C. User　　D. 管理员用户

2. 在 Windows 10 操作系统中，（　　）对计算机拥有最高的控制权限，并且应该仅在必要时才使用此账户。

A. 管理员账户　　B. 来宾用户　　C. 标准用户　　D. 会员用户

3.Windows 10 操作系统中，一般的应用程序都自带了“帮助”功能，可以通过快捷功能键（　　）获取软件的操作说明。

A. F4　　B. F5　　C. F1　　D. F12

4. 按（　　）快捷功能键可以打开“任务管理器”。

A. Fn+F4　　B. Alt+Del　　C. Ctrl+Alt+Del　　D. Ctrl+Del

5. 以下软件中不属于虚拟机工具软件的是（　　）。

A. Hyper-V　　B. Ftp　　C. VMware　　D. VirtualBox

6. 在 Windows 10 操作系统安装过程中创建的第一个用户一般是具有管理员权限的用户，系统中至少要有一个（　　）用户。

A. Guest　　B. User　　C. Administrator　　D. root

7. Linux 操作系统是一种（　　）的操作系统。

A. 单用户单任务　　B. 单用户多任务　　C. 多用户单任务　　D. 多用户多任务

8. 以下属于单用户多任务操作系统的是（　　）。

A. WPS　　B. Windows　　C. Linux　　D. UNIX

9. Windows 10 操作系统中，（　　）用于日常信息处理，未经授权，不能进行系统的更改，也不能查看其他用户的信息。

A. 管理员用户　　B. root 用户　　C. User 用户　　D. 标准用户

10. Linux 操作系统默认创建的管理员账号是（　　）。

A. Administrator　　B. root　　C. User　　D. Guest

三、多项选择题

1. Android 操作系统常用于移动设备，Android 操作系统有（　　）和（　　）模式。

A. 客户机　　B. 服务器管理　　C. 机主　　D. 访客

2. 可以对计算机进行日常维护工作的软件有（　　）。

A. 碎片整理程序　　B. 360 安全卫士　　C. 鲁大师　　D. 电脑管家

3. 以下软件中，（　　）可以对 Linux 操作系统进行优化和监控。

A. htop　　B. Stacer　　C. nethogs　　D.top

4. Windows 操作系统中管理用户主要包括新建用户和（　　）等。

A. 更改用户权限　　B. 修改用户密码　　C. 修改用户名　　D. 删除用户

5. 针对移动终端 Android 系统优化的有（　　）。

A. 手机管家　　B. 金山卫士　　C. Ftp　　D. 360 优化大师

四、判断题

1. 单用户多任务操作系统是指一台计算机同时只能有一个用户在使用，但可以同时运行多个作业（程序）。（　　）

2. 来宾用户可以使用计算机，而且具有访问个人文件的权限。（　　）

3. 在 Linux 系统中，可以创建若干用户。（　　）

4. Android 操作系统中，访客模式是一个选项，可以让用户隐藏自己的所有东西，但仍保持手机正常运行。（　　）

5. 在 Windows 操作系统中，来宾用户可以安装软件或硬件，但不能更改、设置或者创建密码。（　　）

五、实践操作题

在 Windows 10 中完成以下操作。

1. 创建用户。

（1）在“控制面板”窗口中，单击“用户账户”。

（2）在“用户账户”窗口中，单击“管理其他账户”。

（3）在“管理账户”窗口中，单击“在电脑设置中添加新用户”。

（4）在“设置”窗口中，单击“将其他人添加到这台电脑”。

（5）在“本地用户和组”窗口中，双击“用户”。

（6）在右侧窗口空白区域单击右键，在快捷菜单中选择“新用户（N）...”。

在“新用户”窗口中，输入用户名、密码、确认密码，选中“用户下次登录时须更改密码（M）”复选框，“账户已禁用”复选框未被选中，然后单击“创建”按钮。

2. 创建用户密码。

（1）在“控制面板”窗口中，单击“用户账户”类别下的“更改账户类型”。

（2）在“管理账户”窗口中，单击想要更改的账户名称。

（3）在“更改账户”窗口中，单击“创建密码”。

（4）在“创建密码”窗口中输入新密码、确认密码，完成密码提示，单击“创建密码”按钮，密码创建完成。

3. 修改用户密码。

（1）在“控制面板”窗口中，单击“用户账户”类别下的“更改账户类型”。

（2）在“管理账户”窗口中，单击想要更改的账户名称。

（3）在“更改账户”窗口中，单击“更改密码”。

（4）在“更改密码”窗口中，输入新的密码。

4. 更改账户图片。

（1）单击任务栏的搜索按钮，在搜索框中输入“控制面板”。

（2）在弹出的“控制面板”窗口中单击“用户账户”，随后单击“在电脑设置中更改我的账户信息”。

（3）在弹出的新窗口中，单击“从现有图片中选择”，在“打开”对话框中选择一张图片。

5. 更改账户类型。

（1）单击任务栏的搜索按钮，在搜索框中输入“控制面板”。

（2）在弹出的“控制面板”窗口中单击“用户账户”类别下的“更改账户类型”。

（3）在“管理账户”窗口中，单击要更改的用户图标。

（4）在“更改账户”窗口中，单击“更改账户类型”。

（5）在“更改账户类型”窗口中，从“标准”或“管理员”中选择一个账户类型。

6. 删除账户。

（1）单击任务栏的搜索按钮，在搜索框中输入“控制面板”。

（2）在弹出的“控制面板”窗口中单击“用户账户”。

（3）在“用户账户”窗口中，单击“删除用户账户”。

专题2 开启网络之窗

专题目标

（1）了解网络相关知识，理解并遵守网络行为规范。

（2）会配置网络，掌握获取网络资源的方法，合法使用网络信息资源。

（3）会进行网络交流，掌握有效保护个人及他人信息隐私的方法。

（4）能在工作、生活和学习中运用网络工具。

（5）了解物联网的相关知识、常见设备及软件配置。

任务1 走进网络世界

任务目标

◎了解网络技术的发展；

◎描述互联网对组织及个人的行为、关系的影响，了解与互联网相关的社会文化特征；

◎了解网络体系结构、TCP/IP 协议和 IP 地址的相关知识，会进行相关设置；

◎了解常用网络服务。

任务梳理

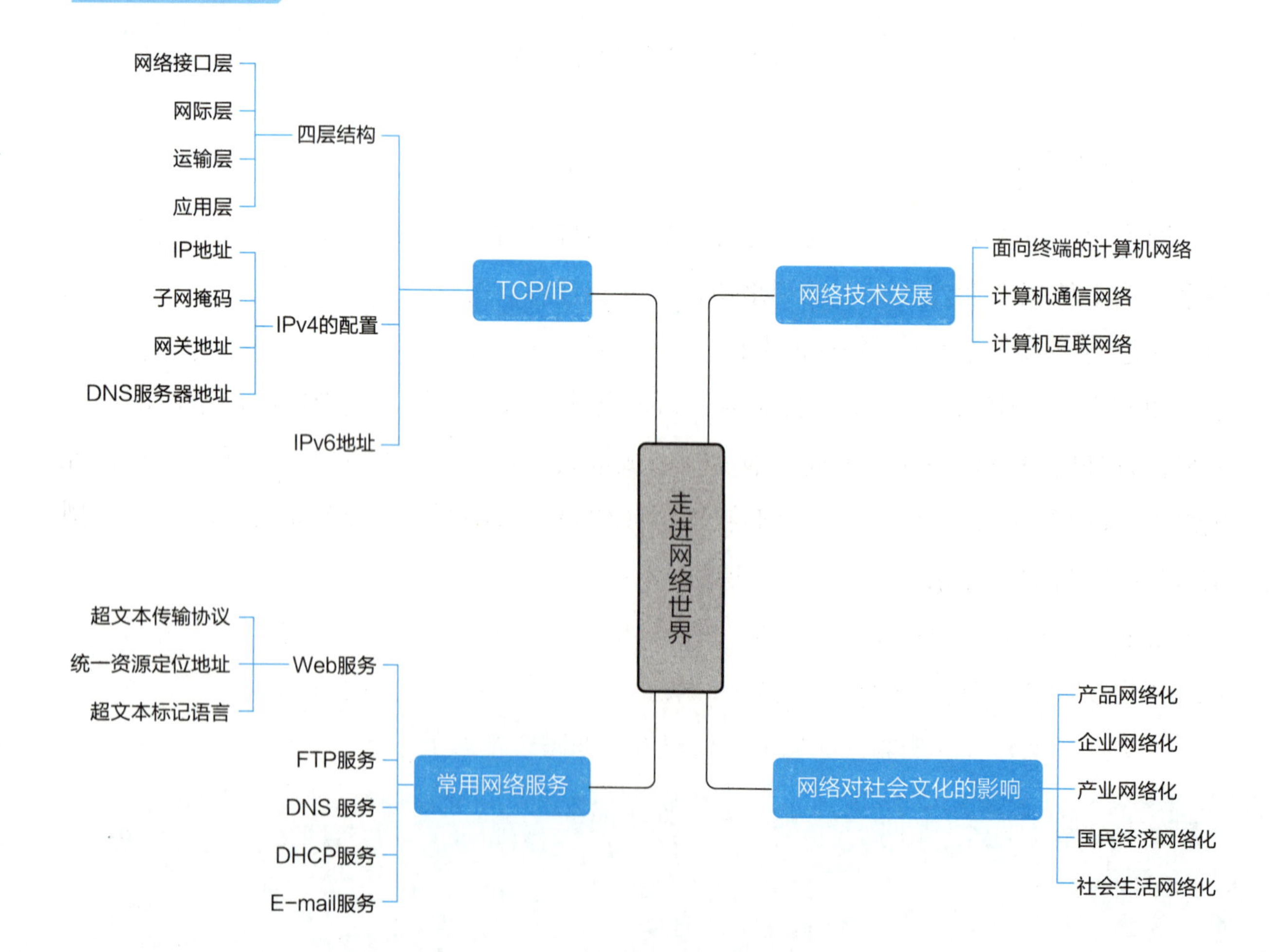

■ 知识进阶

一、网络协议与网络体系结构

1. 网络协议

网络协议是指为网络数据交换而制定的规则、约定和标准。就像人与人之间的沟通，必须使用相同的语言和语法规则才能通信，网络上通信双方也必须遵守相同的协议，才能正确地通信，如图 2–1 所示。

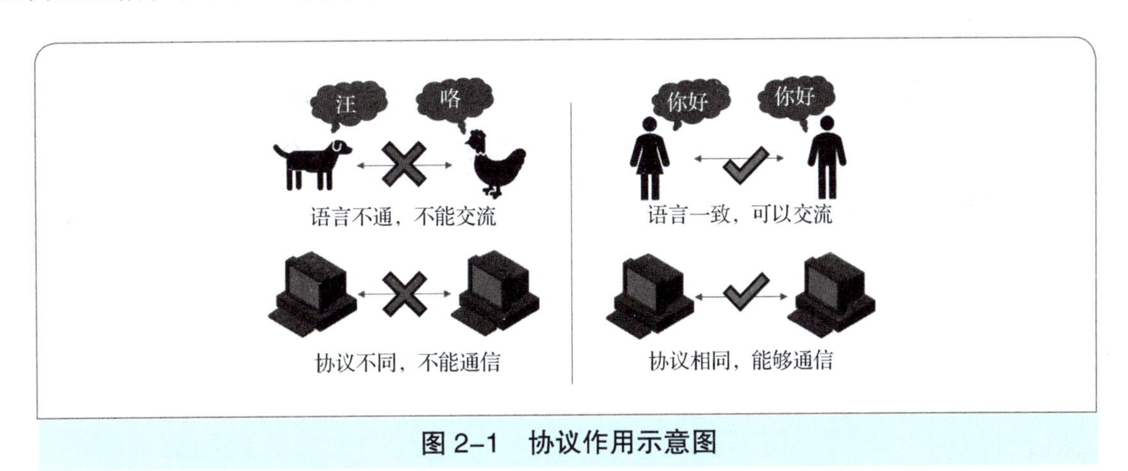

图 2–1　协议作用示意图

2. 网络体系结构

网络通信过程非常复杂，为了方便处理，会将网络分解为若干个层次化的结构，在各个层次上依据功能设计相应的网络协议，并实现各自的功能，这就形成了网络体系结构。它是整个网络通信系统的整体设计。

20 世纪 60 年代，全球多个公司为了占领网络通信的先机，纷纷推出网络通信协议标准，各种网络协议并存，彼此不兼容，造成极大浪费。为了解决以上问题，国际标准化组织（ISO）和国际电报电话咨询委员会（CCITT）共同制定了开放系统互联参考模型（OSI/RM），即 OSI 体系结构，共有七层。

目前互联网的网络体系结构是 TCP/IP 体系结构，共有四层，包括数百个能实现各种功能的协议集合，其核心协议是传输控制协议（TCP）和网际协议（IP），将这些协议分配到各层上实现相应的功能，就构成了协议栈，如图 2–2 所示。

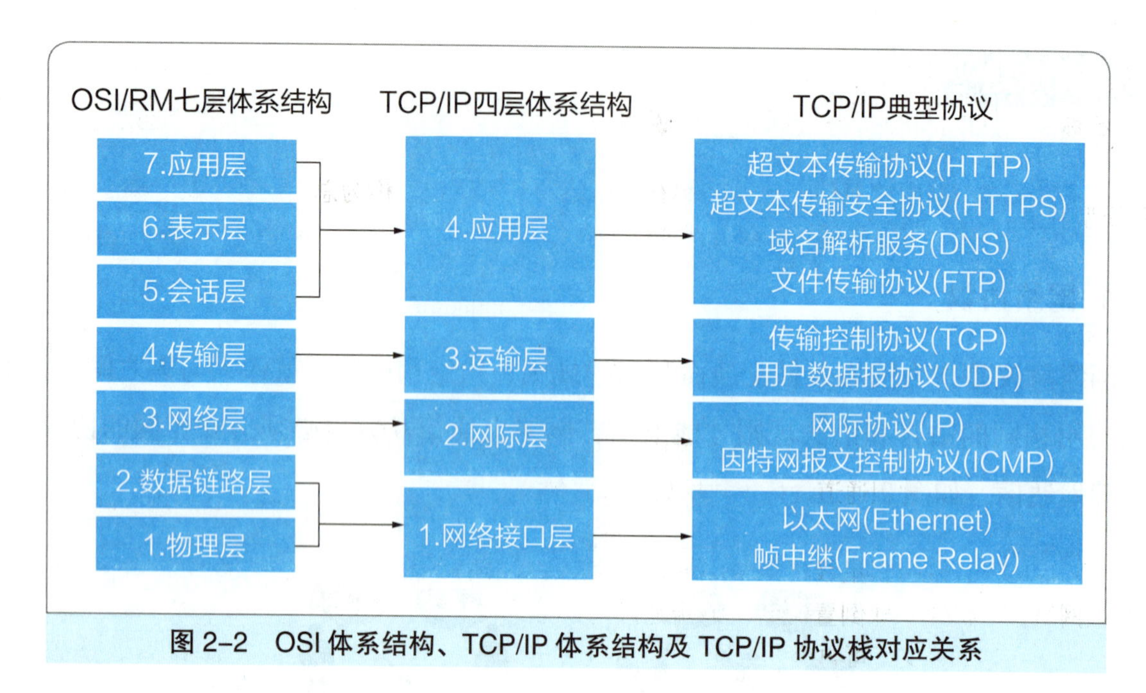

图 2-2　OSI 体系结构、TCP/IP 体系结构及 TCP/IP 协议栈对应关系

国际标准 OSI 体系结构并没有受市场认可，而非国际标准的 TCP/IP 体系结构却得到了广泛应用，成为实际上的国际标准。

二、常见的网络分类

1. 按照网络覆盖范围分类

按照网络覆盖范围可将网络分为局域网、城域网、广域网，具体特点见表 2-1。

表 2-1　按照网络覆盖范围对网络分类

名称	特点
局域网（LAN）	局域网通常指范围在 10 km 以内的计算机网络，一般建设在一栋办公楼或楼群、校园、工厂或一个事业单位内，一般情况下由某个单位单独拥有、使用和维护
城域网（MAN）	城域网是介于广域网与局域网之间的一种大范围的高速网络，其覆盖范围通常为几千米至几十千米，主要指大型企业集团、ISP、电信部门、有线电视台和政府构建的专用网络和公用网络
广域网（WAN）	广域网是连接不同地区局域网或城域网的远程网络，覆盖的范围从几十千米到几千千米，能连接多个地区、城市和国家，或横跨几个洲，典型代表网络是互联网

2. 按网络拓扑结构分类

拓扑是研究与大小、形状无关的点、线关系的方法，而计算机网络的拓扑结构是指网络中各个站点相互连接的形式，见表 2-2。

表 2-2 按网络拓扑结构对网络分类

名称	说明	图示
总线型网络	采用单根传输线作为所有工作站的共用信道，称为总线，节点之间按广播方式通信	
星型网络	所有的通信均由中央节点控制，以中央节点为中心，把若干外围节点连接起来的辐射式互联结构	
环型网络	各节点通过通信线路组成闭合回路，所有的通信共享一条物理通道，环中数据只能单向传输	
树型网络	也叫多星级型网络，可以看作是星型拓扑的扩展，形状像一棵倒置的树，顶端是树根，树根以下带分支，每个分支还可再带子分支	
网状网络	节点之间的连接是任意的，没有规律，每一个节点至少与其他两个节点相连。目前主要在广域网中使用	

三、常用邮件传输协议

常用邮件传输协议，见表 2-3。

表 2-3 常用邮件传输协议

名称	功能
SMTP 简单邮件传输协议	用来发送或中转用户发出的电子邮件
POP3 邮局协议第 3 版	用来接收邮件
IMAP4 交互式数据消息访问协议第四个版本	用来接收邮件，还可以通过客户端直接对服务器上邮件进行操作

例题分析

例题 1

【填空题】随着计算机技术的发展，单个的计算机已经不能满足人们的需求，计算机网络应运而生，它实现了__________、数据通信等功能。

【答案】资源共享

【解析】计算机网络具有资源共享、数据通信等功能。

例题 2

【单选题】网络中的计算机之间能否通信，取决于（　　）。

A. 是否使用相同的通信协议　　B. 是否使用同一品牌计算机

C. 是否使用同类型 CPU　　D. 是否使用同种操作系统

【答案】A

【解析】人们聊天时需要遵守聊天规则，同样，在网络通信时也需要遵守相应的规则或准则，这就是网络协议。

例题 3

【单选题】小明需要将主题班会课的照片和视频发送到老师的邮箱，这需要使用网络服务中的（　　）。

A. FTP 服务　　B. DNS 服务　　C. DHCP 服务　　D. E-mail 服务

【答案】D

【解析】E-mail 服务也称电子邮件服务（Electronic mail，E-mail，标志：@），指通过电子通信系统进行书写、发送和接收信件。

例题 4

【多选题】下列属于 Web 服务要素的有（　　）。

A. HTTP　　B. URL　　C. FTP　　D. HTML

【答案】ABD

【解析】Web 服务也称万维网（World Wide Web，WWW）服务，主要功能是提供网上信息浏览，有以下几个要素：①超文本传输协议（HyperText Transfer Protocol，HTTP），②统一资源定位地址（Uniform Resource Locator，URL），③超文本标记语言（HyperText Markup Language，HTML）。

例题 5

【判断题】计算机配置 TCP/IPv4 地址上网时，只需要配置 IP 地址即可。（　　）

【答案】×

【解析】计算机上网，需要配置 TCP/IPv4 中的 IP 地址、子网掩码、网关地址和 DNS 服务器地址。

练习巩固

一、填空题

1. 计算机网络的发展经历了__________、__________、__________三个阶段。

2. 当前互联网应用最广泛的协议是__________。

3. 传输控制协议 / 网际协议（TCP/IP）由数百个能实现各种功能的协议集合而成，为了便于使用，将 TCP/IP 分为__________层。

4. 使用__________命令可以测试主机之间的连通性，还可以获取域名对应的 IP 地址。

5. DNS 服务可以实现__________。

二、单项选择题

1. 当前互联网的拓扑结构是（　　）网络。

A. 总线型　　B. 星型　　C. 环型　　D. 网状

2. 超文本传输协议是（　　）。

A. IP　　B. TCP/IP　　C. HTTP　　D. HTML

3. 访问网站时，出现例如“128.152.5.221”的字符，称为（　　）。

A. IP 地址　　B. 电子信箱　　C. 网页　　D. 域名

4. 随着万物互联时代的到来，IP 地址数量已经远远不够，IPv6 应运而生，它由（　　）位二进制数组成。

A. 32　　B. 64　　C. 128　　D. 8

5. 打电话时，需要先知道对方的电话号码，而对于拥有海量计算机的互联网来说，每台计算机也会分配一个“号码”，这个号码称为“IP 地址”。以下正确的 IP 地址格式是（　　）。

A. 219.144.206.130　　B. 255.255.255.256

C. 192.168.133　　D. 192.288.1.5

6. 在浏览网站时，需要用到浏览器，下列不是浏览器的是（　　）。

A. IE　　B. FireFox　　C. Excel　　D. Safari

7. 一台接入互联网的计算机能用域名浏览网站，是网络中的（　　）服务器起了作用。

A. FTP　　B. DHCP　　C. 网关　　D. DNS

8. 小明同学以 ming 为用户名在网易（http：//www.163.com）注册了一个免费邮箱，则这个邮箱地址应该是（　　）。

A. ming@163.com　　B. ming.163.com

C. ming.163@com　　D. 163.com@ ming

9. 在电子邮件地址“stu@scedu.com”中，“scedu.com”代表的是（　　）。

A. 用户名　　B. 学校名　　C. 学生名　　D. 邮件服务器域名

10. 企业在产品研发设计、采购生产、营销等多个环节应用网络技术。在营销环节，使用电子商务、直播带货等网络营销手段；在研发设计、运维服务环节，应用企业信息管理系统；在采购生产环节，可以根据需求情况进行个性化、柔性化生产。这称作（　　）。

A. 产品网络化　　B. 产业网络化　　C. 企业网络化　　D. 国民经济网络化

三、多项选择题

1. 用户在手动配置 TCP/IP 时，需要配置以下选项中的（　　）。

A. IP 地址　　B. 子网掩码　　C. DNS 服务器　　D. DHCP 服务器

2. 以下对 IPv4 地址的说法正确的是（　　）。

A. 由 32 位二进制数组成

B. 由 4 个字节组成

C. 分为 A、B、C、D、E 类

D. 分为 4 组，每组对应的十进制数取值范围为 0~255

3. 如今网络广泛融入了人们的社会生活中，下列活动必须使用计算机网络的是（　　）。

A. 给同学发电子邮件　　B. 用手机发送短信

C. 编辑 Word 文档　　D. 和外地朋友视频聊天

4. 可以用来接收电子邮件的协议有（　　）。

A. IMAP4　　B. POP3　　C. SMTP　　D. HTTP

5. 以下关于发送电子邮件的说法中，不正确的是（　　）。

A. 必须先接入 Internet，别人才能给你发送电子邮件

B. 必须先打开自己的计算机，别人才能给你发送电子邮件

C. 只要有 E-mail 地址，别人就能给你发送电子邮件

D. 没有 E-mail 地址，也能发送电子邮件

四、判断题

1. 每台连入互联网的计算机都有唯一的 IP 地址。 (　　)

2. IP 地址是计算机在互联网上的标识码，访问一个网站时不能使用它的 IP 地址，而应该使用它的域名。 (　　)

3. 人们聊天时需要遵守聊天规则，同样，在网络通信时也需要遵守相应的规则或准则，这就是网络协议。 (　　)

4. 电子邮件地址“ch2022@163.com”中，“ch2022”是邮件服务器的域名。 (　　)

5. 用“ping www.baidu.com”命令可以查询到域名 www.baidu.com 对应的 IP 地址。 (　　)

任务 2 配置网络系统

任务目标

◎了解常见网络设备的类型和功能；

◎会进行网络的连接和基本设置；

◎能判断和排除简单网络故障。

任务梳理

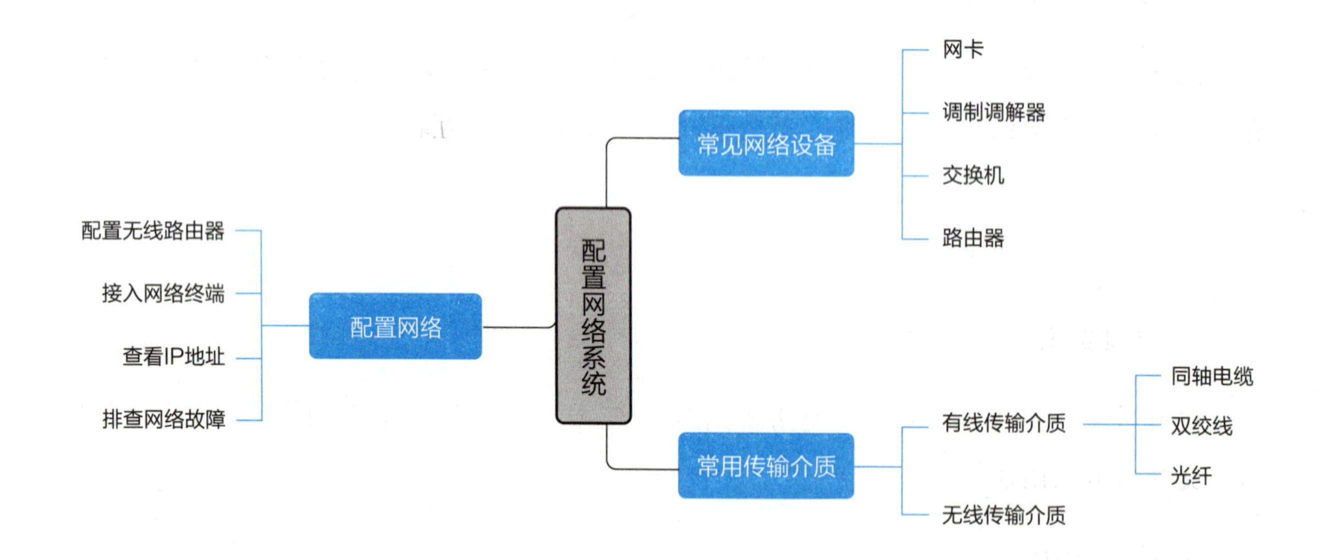

知识进阶

一、接入网络方式

1. 拨号上网

拨号上网是刚有互联网时最为普遍的上网连接方式，这是以前使用最广泛的互联网接入方式。它通过调制解调器和电话线将计算机连接到互联网中，然后进一步访问网络资源。

2. ISDN 上网

ISDN 是一个数字电话网络国际标准，也就是窄带综合业务数字网，俗称“一线通”，它也是利用现有电话线来访问互联网。

3. 宽带上网

宽带上网即 ADSL 接入方式上网，它把普通电话线路所传输的低频信号和高频信号分离，是一种在普通电话线上高速传输数据的技术。

4. 光纤宽带上网

光纤宽带就是把要传送的数据由电信号转换为光信号进行通信。在光纤的两端分别都装有“光猫”进行信号转换，特点是传输容量大，传输质量好，损耗小，中继距离长等。光纤宽带和 ADSL 接入方式的区别就是：ADSL 是电信号传播，光纤宽带是光信号传播。

5. 无线上网方式

无线上网是指使用无线连接的互联网登录方式，它使用无线电波作为数据传送的媒介。不需要使用电话线或网络线，而是通过无线信号连接到互联网。

二、常见网络故障产生原因

1. 物理故障

物理故障，又称硬件故障，包括线路、线缆、连接器件、端口、网卡、网桥、集线器、交换机或路由器模块出现的故障。

2. 配置故障

配置故障会导致网络不能正常提供各种服务，包括计算机的 TCP/IP 配置不正确、重要进程或端口被关闭，还有就是网络设备配置不正确或负载过高。

3. 软件故障

有很多网络故障是由软件故障引起的，具体表现为软件缺陷、网络操作系统缺陷而造成的系统失效。

4. 受到网络攻击

受到网络攻击，如受到分布式拒绝服务（DDOS）攻击、ICMP 洪水攻击等，导致网络故障。

5. 感染病毒木马

网络中有设备感染了蠕虫病毒、后门病毒等，以及被植入了木马，成为僵尸计算机，都有可能导致计算机性能下降，网络资源被大量占用，出现网络故障。

6. 使用者差错

一种情况是使用者权限不足，具体表现为超权访问系统和服务、侵入其他用户的数据资料中、共享账号等，另一种情况是忘记缴费，被运营商断网。

例题分析

例题 1

【填空题】网卡也叫网络适配器（Network Interface Card，NIC），是计算机接入网络的主要设备，每张网卡内都固化了独一无二的地址，叫作__________。

【答案】MAC 地址 / 物理地址

【解析】本题考查对 MAC 地址的认识情况，还可引导与 IP 地址进行比较。

例题 2

【单选题】某计算机网卡的物理地址为“38-F3-AB-D6-B4-07”，通过计算可知该物理地址由（　　）位组成。

A. 4　　B. 32　　C. 48　　D. 128

【答案】C

【解析】通过观察，该物理地址均由十六进制数组成，每个十六进制数占 4 位，共有 12 个十六进制数，就是 48 位。

例题 3

【单选题】交换机（Switch）是一种完成电（光）信号转发的网络设备，用于连接多台网络设备，具有较好的网络传输性能，主要应用在（　　）中。

A. 局域网　　B. 城域网　　C. 广域网　　D. 无线网

【答案】A

【解析】交换机主要应用于局域网中。

例题 4

【多选题】下列传输介质中传输电信号的是（　　）。

A. 同轴电缆　　B. 双绞线　　C. 光纤　　D. 微波

【答案】AB

【解析】通常同轴电缆、双绞线传输电信号，光纤传输光信号，微波是无线信号。

例题 5

【判断题】光纤就是光缆。（　　）

【答案】×

【解析】多数光纤在使用前会被包覆在多层保护结构中，被包覆后的线缆称为光缆，一根光缆内可包覆一根或多根光纤。

练习巩固

一、填空题

1. 查看当前计算机网卡的物理地址的命令是__________。

2. 光纤全称光导纤维，是一种由玻璃或塑料制成的纤维，在两端接上光纤接头就成为__________。

3. 双绞线全称双绞线电缆，常用的是 4 对 8 芯双绞线，即常说的网线，通常两端会连接__________接头，俗称水晶头。

4. LAN 接口指__________接口。

5. 127.0.0.1 是回送地址，指__________。

二、单项选择题

1.（　　）是构成互联网的主要设备。

A. 交换机　　B. 网卡　　C. 路由器　　D. 调制解调器

2. 两台计算机利用电话线路传输数据信号时需要的设备是（　　）。

A. 调制解调器　　B. 网卡　　C. 交换机　　D. 路由器

3. 学校机房中采用的主要网络设备是（　　）。

A. 调制解调器　　B. 网卡　　C. 交换机　　D. 路由器

4. 查看当前计算机网卡的物理地址的命令是（　　）。

A. ping　　B. ipconfig　　C. ipconfig /all　　D. cmd

5. 采用光纤接入家庭网络时，其接入的核心设备是光调制解调器和无线路由器的融合产品，俗称（　　）。

A. 路由器　　B. 交换机　　C. 调制解调器　　D. 光猫

6. WLAN 指（　　）。

A. 局域网　　B. 城域网　　C. 广域网　　D. 无线局域网

7. 当网卡绿色指示灯亮时，表示（　　）。

A. 网络连接正常　　B. 无线连接故障　　C. 有线连接故障　　D. 网络配置故障

8. “ping” 命令用于确定本地主机能否与目标主机成功交换数据包，再根据返回的信息，协助判断网络连通情况及连通质量，将地址解析成主机名的参数是（　　）。

A. –t　　B. –a　　C. –n count　　D. –l size

9. 双绞线全称双绞线电缆，由两根相互绝缘的铜导线以螺旋形状绞合在一起，目的是（　　）。

A. 减少电磁干扰　　B. 降低成本　　C. 方便安装　　D. 保护线缆

10. 以下不属于配置造成的网络故障的是（　　）。

A. TCP/IP 配置不正确　　B. 重要进程或端口被关闭

C. 网络设备配置不正确　　D. 受到分布式拒绝服务（DDOS）攻击

三、多项选择题

1. 调制解调器（Modem），俗称“猫”，是调制器和解调器的缩写，用于实现数字信号和模拟信号的转换，常用接口有（　　）。

A. 光纤接口　　B. RJ–45 接口　　C. USB 接口　　D. HDMI 接口

2. 网络的传输介质像交通系统中的公路，用于连接网络中的各个设备，并进行信息的传递，通常分为（　　）。

A. 有线传输介质　　B. 无线传输介质　　C. 光纤传输介质　　D. 双绞线传输介质

3. 有线传输介质是采用实体方式连接网络的线缆，常见的有（　　）。

A. 同轴电缆　　B. 双绞线　　C. 光纤　　D. Type–C 充电线

4. 无线传输介质以电磁波等为载体传输数据，突破空间限制，使用灵活方便。常用的无线传输介质有（　　）等。

A. 无线电波　　B. 微波　　C. 红外线　　D. 激光

5. 网络按照范围分类可分为（　　）。

A. 局域网　　B. 城域网　　C. 广域网　　D. 无线局域网

四、判断题

1. 查看当前计算机网卡的物理地址的命令是 ping 命令。（　　）

2. 在命令提示窗中执行“ipconfig”命令，观察窗口显示的内容，其中，“默认网关”地址即代表网络通信时经过的第一个路由器。（　　）

3. 双绞线全称双绞线电缆，由两根相互绝缘的铜导线以螺旋形状绞合在一起，以减少电磁干扰。（　　）

4. SSID 是给无线网络提供的名称。（　　）

5. 在无线路由器上设置无线 WLAN 时，选择“无线网络启用”后，只需要输入无线名称即可。（　　）

任务3 获取网络资源

任务目标

◎能识别网络资源的类型，并根据实际需要获取网络资源；

◎会区分网络开放资源、免费资源和收费认证资源，树立知识产权保护意识，合法使用网络信息资源；

◎会辨识有益或不良网络信息，能对信息的安全性、准确性和可信度进行评价，自觉抵制不良信息。

任务梳理

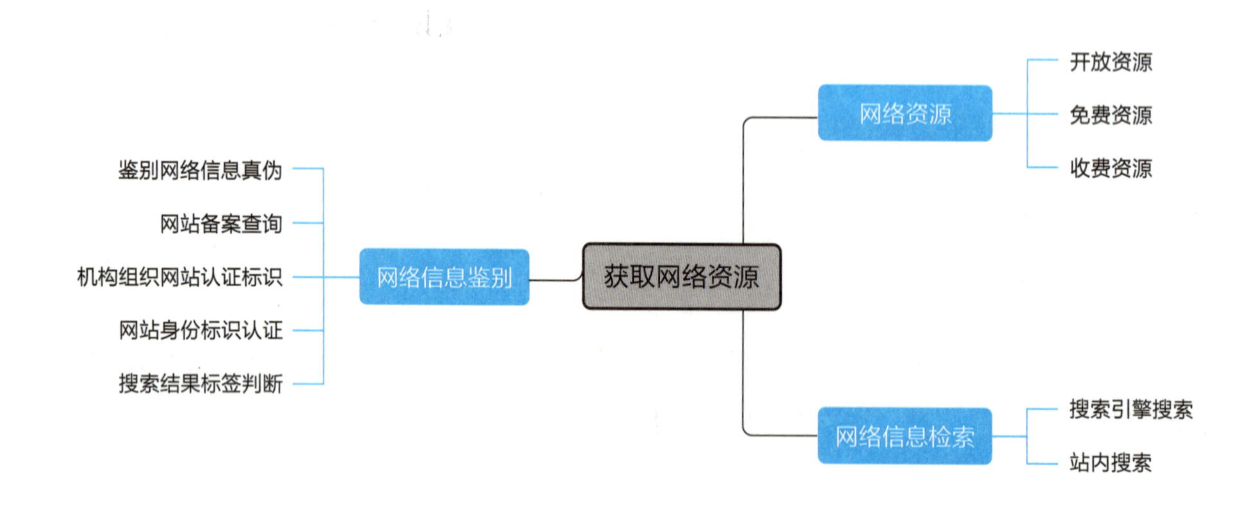

知识进阶

一、网络资源检索过程

获取网络资源首先需要确定获取方法，然后对检索出来的结果进行初选、精选与终选，并从可信度、可用性、合理性（即可获取性）等多个维度进行评估。

二、网络资源使用方法

1. 网页资源

网页资源有加入收藏夹、保存到本地、打印成文档 3 种处理方式。常用的浏览器支持收藏夹同步功能，当在 PC 端和移动端登录相同账号时，可以将收藏夹内容进行同步；保存到本地是传统的使用方式，可以保存成多种格式文件；打印成文档时可以选择电子文档或纸质文档。

2. 文字、图片、文档资源

网络上能浏览的文字、图片、文件资源大多为开放资源，绝大部分是免费的，可以复制、保存使用，有少部分有版权保护，需要认证为会员或付费使用，或只能用于非商业场合。

3. 音频、视频资源

网络上的音频、视频资源很多是开放资源，绝大部分能浏览，但很难下载，并且加了层层限制，通常的限制方式是：想看更高清晰度的视频需要认证为会员，需要下载视频、音频还需要付费。网上有不少专门的音视网站，如腾讯视频、bilibili、QQ 音乐、网易云音乐等，还有专门提供各种素材的网站，如包图网、千图网、配乐网等，音乐的下载使用和视频类似，需要先下载音乐客户端，然后认证为会员后能听免费音乐，而有版权保护的音乐，听和下载都需要先成为会员。

4. 软件资源

软件资源分为免费软件和收费软件，一些免费软件提供付费增值服务，而收费软件通常提供试用服务，使用前要到软件官网下载安装。

■ 例题分析

例题 1

【填空题】网络资源主要指网络信息资源，也就是通过计算机网络获取的各种__________的总和。

【答案】信息资源

【解析】本题考查对网络资源概念的了解，网络资源是计算机网络获取的各种信息资源总和，通常以文本、图像、音频、视频、软件、数据库等多种形式存在。

例题 2

【单选题】小明从学校官网上下载了很多学习资源用于学习，这些资源属于（　　）。

A. 开放资源　　B. 免费资源　　C. 收费资源　　D. 数据资源

【答案】B

【解析】网络资源主要分为开放资源、免费资源和收费资源等几种类型，开放资源指在一定条件下可以免费获取，允许任何人使用，如政府部门公开的资源；免费资源指在一定范围内免费使用的资源，一般来说学校为学生提供的资源均为免费资源；收费资源现在越来越多，如有版权保护的电子书、影视作品、网络增值服务等。

例题 3

【单选题】小明在学校官网查找资料，最好使用以下哪种搜索方式？（　　）

A. 搜索引擎搜索　　B. 学校官网站内搜索

C. 网盘搜索　　D. 以上均可以

【答案】B

【解析】网站通常提供站内搜索服务，即只能在本网站内才能搜索，不能跨网站搜索，与使用搜索引擎搜索方法类似，在学校官网查找资料使用站内搜索。

例题 4

【多选题】网络资源主要指网络信息资源，也就是通过计算机网络获取的各种信息资源的总和，通常以（　　）等多种形式存在。

A. 文本、图像　　B. 音频、视频　　C. 软件　　D. 数据库

【答案】ABCD

【解析】按照文件类型分类，网络资源分为文本、图像、音频、视频、软件、数据库等多种形式。

例题 5

【判断题】小明将从知网购买的文章发到百度文库进行售卖。　　（　　）

【答案】×

【解析】知网购买的文章是受版权保护的，不能未经允许再次进行售卖。

练习巩固

一、填空题

1. 网络上获取资源的方式很多，最精准的是直接根据 URL 地址访问，但 URL 地址不容易记忆，方便的网络信息检索方式主要有搜索引擎搜索和__________搜索两种形式。

2. 互联网资源浩如烟海，要找到感兴趣的内容如同大海捞针，为了快速搜索到想要的资源，通常使用__________。

3. 我国不断加大知识产权保护力度，致力于为国内外企业提供一视同仁、同等保护的知识产权环境，未来将进一步采取措施，全面加强__________保护。

4. 鉴别网站真伪可以复制该网站页面最下方的__________，到工业和信息化部 ICP 备案管理网站进行查询。

5. 在百度搜索中要精确地搜索相关信息，应该给关键字加上__________。

二、单项选择题

1. 有版权保护的电子书、影视作品、网络增值服务属于（　　）。

A. 开放资源　　B. 免费资源　　C. 收费资源　　D. 数据资源

2. 互联网网络上资源很多，在搜索引擎中精准搜索关键词应当使用（　　）。

A. 单引号　　B. 双引号　　C. 圆括号　　D. 尖括号

3. 小明通过当当网搜索购买计算机网络相关的书籍，这种搜索方式属于（　　）。

A. 搜索引擎搜索　　B. 使用官网搜索　　C. 站内搜索　　D. 以上都不对

4. 小明邮箱收到同学发的邮件说“轻松兼职，每天工作 2 小时，日入 300 元”，小明应该怎么做？（　　）

A. 赚钱这么容易我也要试一试

B. 刷单的都是骗人的，忽略

C. 反正闲着也是闲着，就按照他说的做吧

D. 先买个小额的商品试试

5. 百度中使用（　　）命令限定搜索的文件类型。

A. filetype　　B. site　　C. intitle　　D. inurl

6. 互联网上有些资源允许用户阅读、复制和转发，这些资源属于（　　）。

A. 开放资源　　B. 免费资源　　C. 收费资源　　D. 数据资源

7. QQ 消息中能对网站、文件进行鉴别，辅助判断是否安全，分别设置了绿色、蓝色、红色几种标识，其中（　　）表示该资源是安全的。

A. 绿色　　B. 蓝色　　C. 红色　　D. 以上均是

8. 小明在搜索出来的网页中，看到来源标签显示“广告”，表面该网页信息（　　）。

A. 安全　　B. 放心　　C. 可信度存疑　　D. 完全不可信

9. 小明想在搜索引擎网站搜索“电子相册相关的教材”，此时他应该采用（　　）。

A. 模糊搜索　　B. 模糊搜索

C. 多关键词组合搜索　　D. 站内搜索

10. 主流的搜索引擎搜索出结果后，会贴上（　　），辅助浏览者查看可用信息，如带有“官网”标识的，说明网站通过了官网认证。

A. 网站标签　　B. 广告　　C. 快照　　D. 保障

三、多项选择题

1. 以下属于开放资源的是（　　）。

A. 公共电子图书馆　　B. 政务公开网站

C. 学校内部资源　　D. 知网内文章

2. 网络资源主要分为（　　）等几种类型。

A. 开放资源　　B. 免费资源　　C. 收费资源　　D. 数据资源

3. 以下属于搜索引擎的是（　　）。

A. 百度　　B. Bing　　C. 搜狗搜索　　D. 360 搜索

4. 当单个关键词搜索精度不够时，可以使用多个关键词组合，以缩小搜索范围，避免很多无关内容，每个关键词之间用（　　）隔开。

A. +　　B. 空格　　C. and　　D. &

5. 网络社交圈内用户除了可以搜索相关信息外，还可以与网络社交圈内的人进行交流互动，进而获取更多资源，以下属于网络社交圈搜索范畴的是（　　）。

A. 朋友圈　　B. 公众号　　C. 主题论坛　　D. 官方网站

四、判断题

1. 当前中小学生手机有限带入校园、禁止带入课堂。（　　）

2. 网络信息虽然是共享开放的，但共享权限是有限的，其中涉密的网络资源是有限分享。（　　）

3. 受版权保护的网络资源未经允许就能分享。（　　）

4. 中国互联网联合辟谣平台提供辨识谣言、举报谣言的渠道。（　　）

5. 国家实行党政机关、事业单位及社会团队组织网上名称认证，授予所有通过认证的网站“党政机关”或“事业单位”标识。（　　）

任务 4 交流与发布网络信息

任务目标

◎会进行网络通信、网络信息传送和网络远程操作；

◎会编辑、加工和发布网络信息；

◎能在网络交流、网络信息发布等活动中，坚持正确的网络文化导向，弘扬社会主义核心价值观。

任务梳理

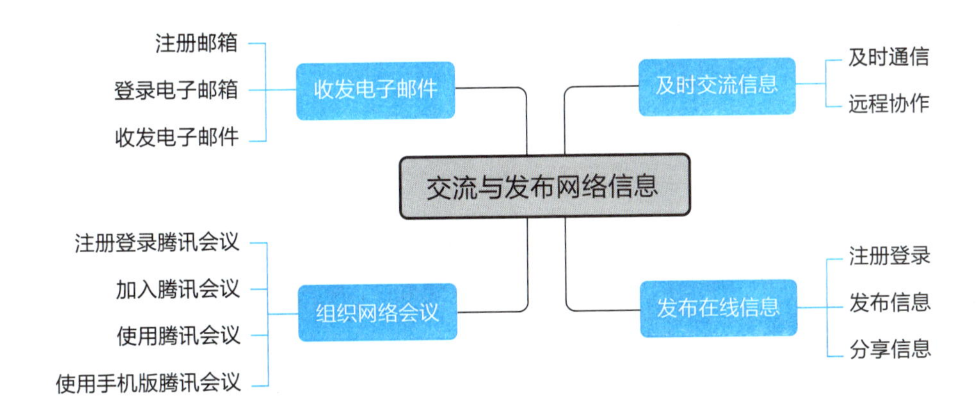

知识进阶

一、5G 视频通话

我国在世界上率先建设了全世界最大的 5G 网络，已覆盖了大多数城镇和部分乡村。中国电信、中国移动、中国联通均先后开通了 5G 视频通话，不借助微信、QQ 等第三方软件，使用两部 5G 手机，拨打对方手机号码即可实现视频语音服务，用户可以体验到 5G 带领的“快速、清晰、稳定”高清视频通话。基于 5G 网络大带宽、低时延特性，直接拨号的视频通话有两大特点：一是接通快,2 秒以内即可接起，实现“秒拨秒通、拨号即可见”；

二是超高清，实现“立体传声、真声在耳”，画质分辨率可达720像素，第三方软件视频通话提高了一个数量级。计费方面，计算为用户套餐内国内语音，不再另行收费。

二、微网站

微网站是为适应高速发展的移动互联网市场环境而诞生的一种基于WebApp和传统PC版网站相融合的新型网站。微网站可兼容iOS、Android等多种智能手机操作系统，可便捷地与微信、微博等网络互动咨询平台链接，是适应移动客户端浏览体验与交互性能要求的新一代网站。

三、《互联网信息服务管理办法》

《互联网信息服务管理办法》是为了规范互联网信息服务活动，促进互联网信息服务健康有序发展制定的办法。2000年9月20日，中华人民共和国国务院第31次常务会议通过《互联网信息服务管理办法》，2000年9月25日公布施行。其中第十五条规定：互联网信息服务提供者不得制作、复制、发布、传播含有下列内容的信息：

（1）反对宪法所确定的基本原则的；

（2）危害国家安全，泄露国家秘密，颠覆国家政权，破坏国家统一的；

（3）损害国家荣誉和利益的；

（4）煽动民族仇恨、民族歧视，破坏民族团结的；

（5）破坏国家宗教政策，宣扬邪教和封建迷信的；

（6）散布谣言，扰乱社会秩序，破坏社会稳定的；

（7）散布淫秽、色情、赌博、暴力、凶杀、恐怖或者教唆犯罪的；

（8）侮辱或者诽谤他人，侵害他人合法权益的；

（9）含有法律、行政法规禁止的其他内容的。

■ 例题分析

例题 1

【填空题】__________是能够即时发送和接收互联网消息等的业务。

【答案】即时通信

【解析】即时通信（IM）是指能够即时发送和接收互联网消息等的业务。国内比较受欢迎的即时通信软件有QQ、微信等。

例题 2

【单选题】小明 QQ 收到陌生人发的消息说“轻松兼职，每天工作 2 小时，日入 300 元”，小明应该（　　）。

A. 打电话过去询问具体情况

B. 举报给 QQ 客服

C. 反正闲着也是闲着，就按照他说的做吧

D. 转发给同学

【答案】B

【解析】在交流与发布消息时，如果遇到不能确定真假的信息，应该即时鉴别，而不是转发给同学或按照要求操作。

例题 3

【单选题】放假了，小李对计算机中某个软件不会设置，希望得到小张的远程帮助，应该使用以下哪种方法？（　　）

A. QQ 聊天　　B. QQ 远程协助　　C. 发电子邮件　　D. 微信视频

【答案】B

【解析】QQ 提供了远程协作功能：“请求控制对方电脑”“邀请对方远程协助”，双方同意后，就可以控制对方计算机进行远程协助。

例题 4

【多选题】下列哪些是 QQ 具有的功能？（　　）

A. 聊天　　B. 在线文档　　C. 远程协助　　D. 群投票

【答案】ABCD

【解析】QQ 提供了聊天、视频、远程协作、分享屏幕、腾讯在线文档、群投票等交流和协作的功能。

例题 5

【判断题】发送电子邮件时，一封信只能在收件人栏填写一个收件人。（　　）

【答案】×

【解析】一封邮件可以发送给多个收件人，如果有多个收件人，则用英文“;”号隔开。

练习巩固

一、填空题

1. 登录电子邮箱时，需要提供账号和__________。

2. 在加入腾讯会议时，首先需要输入的是__________。

3. 微信公众号，消息发布成功后，__________了的微信用户会收到信息，浏览后可以转发。

4. 在 QQ 群发布信息后，发觉该信息不妥当，应该执行__________操作。

5. 发送邮件时，应该在邮箱界面中单击__________按钮，依次填入收件人、主题、内容等相关信息，最后单击发送按钮。

二、单项选择题

1. 小李的公司因为疫情原因，不能聚集，因此，下列哪种方式是最适合他进行组织和传达会议精神的方式？（　　）

A. 发电子邮件　　B. QQ 聊天　　C. 现场会议　　D. 腾讯会议

2. 小明就要大学毕业了，在网上找到了一家比较适合自己的工作岗位，她应该通过下列哪种方式给该公司投送简历？（　　）

A. 发电子邮件　　B. QQ 文件传输　　C. 微信传文件　　D. 腾讯会议视频

3. 批量管理 QQ 好友的分组及备注名，最好采用（　　）。

A. 修改安全设置　　B. 修改备注名　　C. 好友管理器　　D. 设置权限

4. 腾讯提供给企业用的即时通信，又称为（　　）。

A. IM　　B. QQ　　C. 微信　　D. TIM

5. 以下属于短视频发布工具的是（　　）。

A. QQ　　B. 微信　　C. UC　　D. 抖音

6. 下列哪个是专门用于收发送电子邮件的？（　　）

A. QQ　　B. 163 网易邮箱　　C. 微信　　D. 邮局

7. 疫情期间，需要多人同时讨论，最好采用（　　）。

A. 聊天咨询　　B. 远程协助　　C. 网络会议　　D. 发电子邮件

8. 下列不能视频的是（　　）。

A. QQ　　B. 腾讯会议　　C. 微信　　D. 电子邮件

9. 微信公众号发布消息，可以（　　）。

A. 任意发布　　B. 不会对消息进行审核

C. 会对消息进行审核　　D. 不会审核但有选择性地发布

10. 发送邮件时，可以通过（　　）对多个人同时发送邮件。

A. 填写主题　　B. 输入多个收件人

C. 输入多个发件人　　D. 添加附件

三、多项选择题

1. 下列不能通过网络发布的信息有（　　）。

A. 泄露国家秘密　　B. 侮辱他人　　C. 赌博　　D. 色情

2.（　　）是必须需要账号和密码登录的。

A. QQ　　B. 微信　　C. 电子邮箱　　D. 网站

3. 下列是违法行为的有（　　）。

A. 发布谣言　　B. 转发谣言

C. 煽动民族仇恨　　D. 浏览不实信息

4. 下列是即时通信软件的有（　　）。

A. 百度　　B. 微信　　C. QQ　　D. 问卷星

5.（　　）违反《中华人民共和国治安管理处罚法》。

A. 在网络上散布他人隐私

B. 在网络上虚构疫情消息

C. 擅自对计算机信息系统功能进行删除、修改、增加、干扰，造成计算机信息系统不能正常运行

D. 非法进入计算机信息系统，造成危害

四、判断题

1. 即时通信就是不需要网络也能通信。（　　）

2. 收发电子邮件，必须要双方都有注册邮箱。（　　）

3. 组织网络会议，不一定使用“腾讯会议”。（　　）

4. 网络电话只能实现计算机和计算机之间的语音。（　　）

5. QQ 可以对所有的好友进行分类建群。（　　）

任务5 玩转网络工具

任务目标

◎会运用网络工具在多个终端间传送、同步与共享信息资料；
◎初步掌握网络学习的类型与途径，具备数字化学习能力；
◎了解网络对生活的影响，能熟练应用生活类网络工具；
◎能借助网络工具多人协作完成任务。

任务梳理

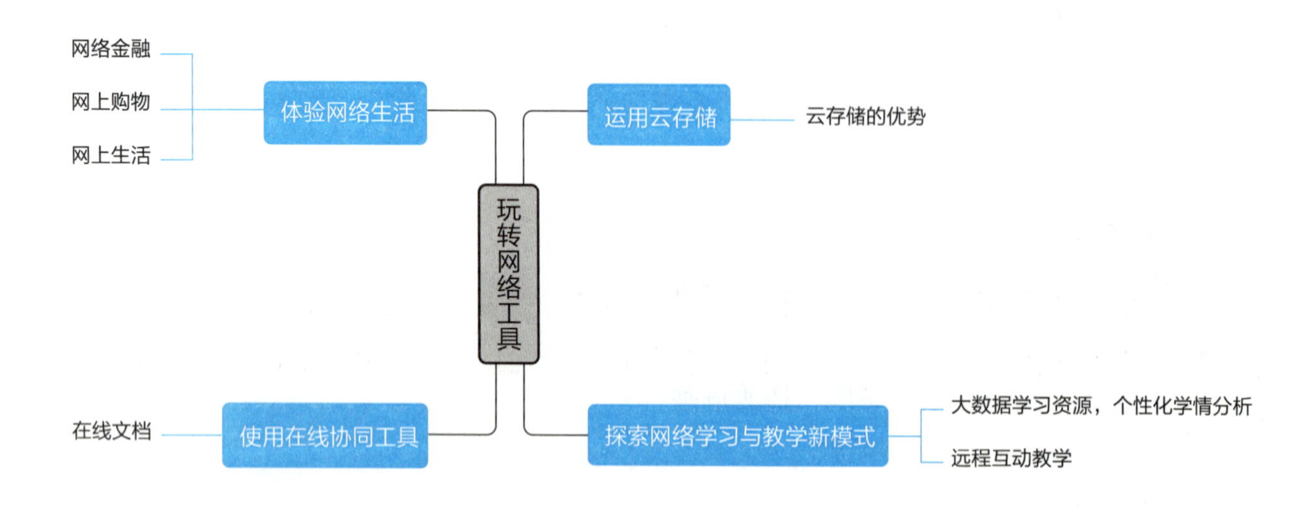

知识进阶

一、云存储优势

云存储是通过分布式、虚拟化、智能配置等技术，实现海量、可弹性扩展、低成本、低能耗地共享存储资源。与传统存储方式相比，云存储方式在功能上有许多进步：

（1）云服务器可以根据存储容量的增加，拓展服务器的性能、数据的存取速度。

（2）用户可以根据存储策略等需求，按需对云服务器进行升级；在存储容量上，用户只需交付实际使用容量的租用费用，降低了成本。

（3）云存储的私密性和安全性比传统存储方式更高。

（4）服务器的技术升级和数据迁移工作更为便捷。

二、网络学习与教学新模式

1. 大数据学习资源，个性化学情分析

随着教育信息化的深化，基于大数据理念的网络学习资源组织策略已经出现，通过构建以知识点为核心的知识元，把学习资源有机地组织起来；借助动态知识地图组织知识元，以便更好地呈现学习资源之间的内在联系；支持资源的重组，重构和共享、共建等；强化面向教师和学习者的个性化操作。

2. 远程互动教学

远程互动教学为求学者提供远程辅导和个性化支持，突破了地域、时间的限制，通过网络互动，教学双方在任何时间和地点都能进行学习。

三、网络交易

1. 网络金融

网络金融是借助计算机网络进行全球范围的各种金融活动的总称，是虚拟的存在形态、网络化的运作方式，包括网上银行、网络证券、网络保险、电子货币、网上支付与结算等。

2. 网络银行

网络银行又称网上银行或在线银行，指一种以信息技术和互联网技术为依托，通过互联网平台向用户开展和提供开户、销户、查询、对账、行内转账、跨行转账、信贷、网上证券、投资理财等各种金融服务的新型银行机构与服务形式。按各家银行开通的网上银行服务系统，一般分为个人网上银行和企业网上银行。

3. 网上支付

网上支付也称网上支付与结算，是通过第三方提供的与银行（银行卡组织或清算机构）之间的支付接口进行的即时支付方式，支付形式可以是信用卡、电子钱包、电子支票和电子现金等方式。支付宝、财付通、云闪付等是中国著名的网上支付工具。

4. 网上购物

网上购物实际就是将传统的面对面交易搬到网络上，使用购物工具或网络平台实现跨空间、跨时间的非实时交易。购物时，买家在购物平台上检索商品信息，挑选商品，再通过电子订单发出购物决定，然后使用支付工具将货款支付给担保第三方。卖家接收到订单和支付通知后通过快递、物流等方式发货。买家收到货物后，检查货物和售卖信息是否一致，确保无误后在购物工具或网站上确认收货，支付工具将自动将货款支付给卖家。根据交易的主体类型，网上购物可以分为B2B、B2C、C2C，代表性的平台分别有阿里巴巴、京东、淘宝等。

例题分析

例题 1

【填空题】云存储是一种__________存储模式，即把数据存放在第三方托管的多台虚拟服务器上，这些数据可能被分布在众多的服务器主机上，用户根据账户、密码等云存储凭证，可以随时随地使用所存储的资源，实现一个账号全网访问。

【答案】在线

【解析】云存储将数据存放在网络上，是一种在线存储的模式。

例题 2

【单选题】下列不属于在线协同工具的是（　　）。

A. 腾讯文档　　B. 钉钉　　C. 腾讯会议　　D. 优酷

【答案】D

【解析】在线协同是一种多人利用网络共同完成任务的方式，它打破了空间、时间的限制，能极大地提高效率。随着云计算、移动网络等技术的发展，有腾讯文档、金山文档等在线协作文档工具，有钉钉、华为云等协同办公工具，有问卷星、金数据等在线数据收集工具，有腾讯会议、云屋等视频会议工具，还有有道云协作、比幕鱼等白板灵感类工具。

例题 3

【单选题】小小打开 QQ 聊天框，把文件拖入对话框中，这一过程属于（　　）。

A. 在线协同　B. 分享资源　C. 数字化学习　D. 网上购物

【答案】B

【解析】资源分享是网络的基本功能之一，很多软件都具有资源分享的能力，并且计算机终端与移动终端能同步。小小使用的方法就是资源分享。

例题 4

【多选题】网络化课程资源开发的思想有哪些？（　　）

A. 先进性　B. 独立性　C. 高效性　D. 安全性

【答案】ACD

【解析】先进性主要体现了网络资源开发技术的先进性，资源内容的先进性；在网络资源开发的过程中，网络提高了整个资源的检索效率，对已有资源的准确获取尤为重要；由于网络时代的教学很多都依赖于网络技术的发展，建立稳定可靠的教育信息资源系统也是在教育信息资源开发过程中必须考虑的问题之一。

例题 5

【判断题】在云存储使用过程中，通过计算机终端和移动终端使用相同账号登录，看到的内容是相同的。（　　）

【答案】√

【解析】云存储过程中，在任何设备登录同一账号，在任意一处对文件或文件夹进行操作，所有平台的网盘均进行同样的操作。

练习巩固

一、填空题

1. ＿＿＿＿＿是一种在线存储模式，即把数据存放在第三方托管的多台虚拟服务器上。

2. 远程互动教学是一种突破了地域、__________的限制针对学习者进行教学的一种教育模式。

3. __________是一种多人利用网络共同完成任务的方式，它打破了空间、时间的限制，能极大地提高效率。

4. 网络金融是网络技术与金融的相互结合，包括电子货币、__________、网上保险、网络证券等。

5. 网上购物平台可以分为__________、B2C、B2B 和 O2O 等。

二、单项选择题

1. 以下不能够进行云存储的工具是（　　）。

A. 百度云盘　　B. 金山快盘　　C. U 盘　　D. 腾讯微云

2. 以下数据存储方式中能够通过网络随时随地访问数据、编辑分享数据的是（　　）。

A. 移动硬盘　　B. 光盘　　C. 云存储　　D. U 盘

3. 利用腾讯文档在线协作编辑文档，需要先（　　），然后通过链接进行分享。

A. 创建文档　　B. 编辑文档　　C. 分享文档　　D. 建立文件夹

4. 以下不属于云存储特点的是（　　）。

A. 高可扩展性　　B. 低成本　　C. 使用灵活　　D. 不需要使用网络

5. 一般网上学习不需要（　　）。

A. 注册账号　　B. 确定学习网站　　C. 人脸识别　　D. 查找学习主题

6. 网上购物平台类型很多，淘宝网属于（　　）。

A. C2C　　B. C2B　　C. B2B　　D. B2C

7. 网上购物平台的付款方式不包括（　　）。

A. 货到付款　　B. 网上银行　　C. 支付宝　　D. 微信转账

8. 小小准备出门旅游，可以下载出行类应用软件（　　）提高出行体验。

A. QQ　　B. 钉钉　　C. 美团　　D. 百度地图

9. 为防止网络诈骗，在使用网上银行支付时通常会结合（　　）等技术手段确保安全。

A. 人脸识别　　B. 语音通知　　C. 链接确认　　D. 验证码

10. 在网络中可以完全不受时间、地域和资格等限制自由地学习，这体现了网络学习的（　　）。

A. 开放性　　B. 虚拟性　　C. 交互性　　D. 自主性

三、多项选择题

1. 通过网络我们可以实现以下哪些生活？（　　）

A. 网上购物　　B. 智慧医疗　　C. 交通出行　　D. 自主学习

2. 小小想在慕课网上学习计算机网络的知识，以下哪些步骤可以帮助她完成选课？（　　）

A. 注册账号　　B. 确定学习主题　　C. 查找并加入课程　　D. 上传个人资料

3. 以下哪些属于网上购物平台类型？（　　）

A. C2C　　B. C2B　　C. B2B　　D. B2C

4. 网络学习的特点有哪些？（　　）

A. 开放性　　B. 交互性　　C. 局限性　　D. 远程性

5. 网上购物的付款方式有（　　）。

A. 网上支付平台　　B. 银行代付　　C. 网上银行　　D. 个人转账

四、判断题

1. 所有知识都可以在线学习。　　（　　）

2. 使用云盘进行数据存储没有任何风险。　　（　　）

3. 在网络上交谈的过程中不需要像生活中那么有礼貌。　　（　　）

4. 腾讯文档支持多人实时协作编辑，还具有跨平台协作的功能。　　（　　）

5. 在进行网上支付时，如果收到确认链接需要点开看一下。　　（　　）

任务6 感知物联网

任务目标

◎了解物联网的概念及应用领域；

◎理解物联网的特征和体系结构；

◎能正确选用物联网常见设备搭建简单的应用场景。

任务梳理

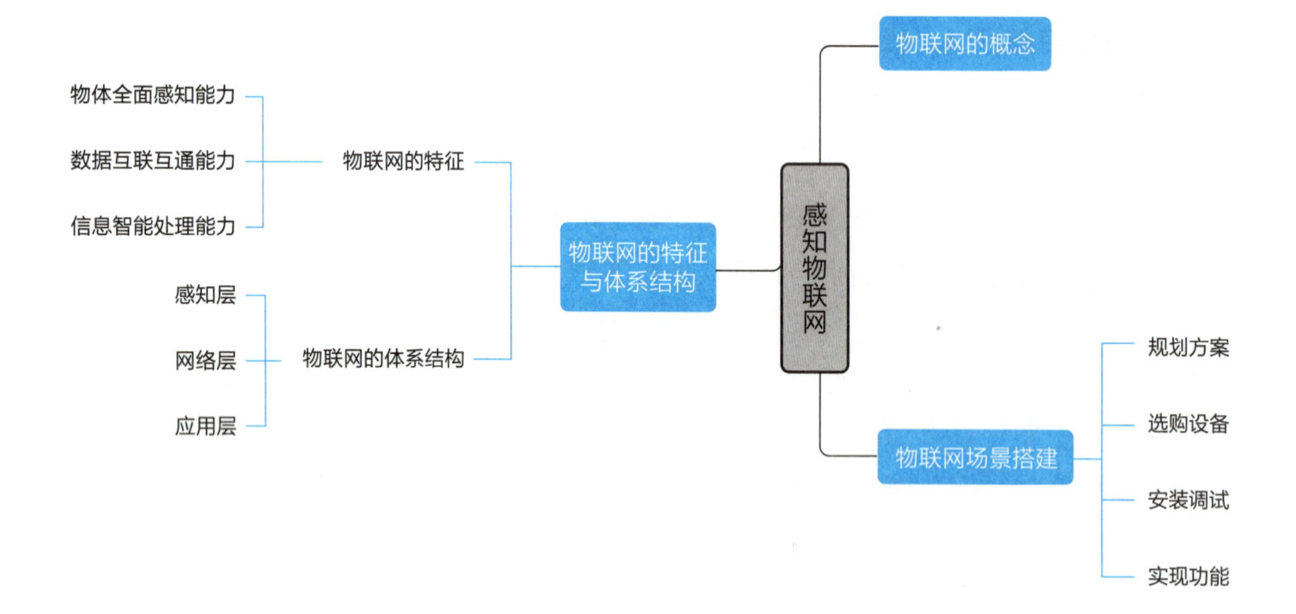

知识进阶

物联网运用的主要技术

1. 自动识别技术

物联网中的自动识别技术主要包括条码技术、射频技术、生物识别技术、传感器技术等。

2. 网络与通信技术

物联网中的网络与通信技术主要包括计算机网络技术、移动通信技术、短距离无线通信技术。其中短距离无线通信技术主要包括蓝牙技术、WiFi 技术、ZigBee 技术、红外技术等。

3. 数据处理技术

物联网中的数据处理技术主要包括云计算、大数据。

例题分析

例题 1

【填空题】__________理念的提出，标志着我国对物联网产业发展提升到国家战略层面。

【答案】感知中国

【解析】本题考查学生对我国物联网发展情况的了解。感知中国理念的提出，标志着我国对物联网产业发展提升到国家战略层面。

例题 2

【单选题】在物联网的体系结构中（　　）被认为是物联网建设的目标和价值体现，主要解决信息处理和人机交互的问题。

A. 传输层　　B. 感知层　　C. 会话层　　D. 应用层

【答案】D

【解析】本题考查学生对物联网体系结构的认识与各层作用的掌握情况。应用层被认为是物联网建设的目标和价值体现，主要解决信息处理和人机交互的问题。

例题 3

【单选题】以下不属于生物识别技术的是（　　）。

A. 条码技术　　B. 语音识别技术　　C. 指纹识别技术　　D. 虹膜识别技术

【答案】A

【解析】本题考查学生对物联网生物识别技术的掌握情况，其中条码技术不属于生物识别技术。

例题 4

【多选题】物联网技术主要解决的（　　）之间的连接问题。

A. 物与物（T2T）　　B. 人与人（H2H）

C. 人与物（H2T）　　D. 互联网络与万维网

【答案】AC

【解析】本题考查学生对物联网概念的理解。物联网主要解决的物与物（T2T）、人与物（H2T）之间的连接。

例题 5

【判断题】ZigBee 技术属于自动识别技术。（　　）

【答案】×

【解析】本题考查学生对 ZigBee 技术的认知。ZigBee 技术是一种短距离、低速率、低功耗、低成本的无线网络技术。

练习巩固

一、填空题

1. __________被称作继计算机、互联网之后世界信息产业的第三次浪潮。

2. 物联网即“物物相连的互联网”。它以__________为基础，将互联网时代人与人为主体的交流延伸到了任何物品。

3. 物联网是通过各种__________，实现了对任何物品信息的采集。

4. 物联网的感知层由各种传感器以及__________构成。

5. 物联网的网络层包括接入网与__________。

二、单项选择题

1. 在物联网体系架构中，主要解决感知层所获得数据在一定范围内传输问题的是（　　）。

A. 应用层　　B. 感知层　　C. 传输层　　D. 会话层

2. 把“感知层感知到的信息”与“网络层传输来的信息”进行分析和处理，做出正确的控制和决策的是（　　）。

A. 应用层　　B. 感知层　　C. 会话层　　D. 传输层

3. 以下不属于感知层的设备是（　　）。

A. 摄像头　　B. 温度传感器　　C. 电信网络　　D. 电子标签

4. 物联网的核心层是（　　）。

A. 应用层　　B. 感知层　　C. 会话层　　D. 传输层

5. 物联网体系结构中最底层的是（　　）。

A. 应用层　　B. 传输层　　C. 会话层　　D. 感知层

6. 充分运用信息和通信技术手段，感测、分析、整合城市运行核心系统的各项关键信息，并做出智能响应和决策，体现了物联网在（　　）方面的运用。

A. 智慧农业　　B. 智慧医疗　　C. 智能安防　　D. 智慧城市

7. 手机挂号、智能分诊、门诊叫号查询、远程医疗、化验单解读、在线医生咨询等，体现了（　　）在现实生活中的真实运用。

A. 智慧医疗　　B. 智慧城市　　C. 智慧教育　　D. 智慧生活

8. 农业生产中的水肥一体化智能灌溉体现了物联网技术在（　　）方面的运用。

A. 智慧生产　　B. 智慧物流　　C. 智慧农业　　D. 智慧养鱼

9. 居民小区实现视频监控与报警、出入口人脸识别与控制、可视对讲的统一管理，这体现了物联网技术在（　　）方面的运用。

A. 智慧生活　　B. 智能报警　　C. 智慧安防　　D. 智慧校园

10. 以下属于射频识别技术的是（　　）。

A. 条码技术　　B. 语音识别技术　　C. RFID　　D. 网络通信技术

三、多项选择题

1. 物联网具有（　　）的典型特征。

A. 物体全面感知能力　　B. 信息智能处理能力

C. 数据互联互通能力　　D. 人与人的信息交换能力

2. 以下属于物联网体系结构的是（　　）。

A. 会话层　　B. 感知层　　C. 传输层　　D. 应用层

3. 以下属于短距离通信技术的是（　　）。

A. 蓝牙技术　　B. WiFi 技术　　C. ZigBee 技术　　D. 移动专网

4. 以下体现了 RFID 技术在现实生活中运用的有（　　）。

A. ETC 收费系统　　B. 项圈式电子标签

C. 医用腕带电子标签　　D. 第二代身份证

5. 以下属于生物识别技术的是（　　）。

A. 指纹识别技术　　B. 语音识别技术　　C. 条码技术　　D. 虹膜识别技术

四、判断题

1. 感知层是物联网的感觉器官，用来识别物体和采集相关信息。（　　）

2. 物联网的发展离不开互联网，所以物联网也被称作互联网。（　　）

3. 二维码属于条形码中的一种。（　　）

4. 在商品外包装上通常可看到黑白相间的一组条纹，这就是一维条形码。（　　）

5. 云计算具有超大规模、虚拟化、高可靠性、高可扩展性、成本低廉等优点。（　　）

专题3 编绘多彩图文

专题目标

（1）了解不同类型的图文编辑工具的操作方法，并能根据业务需求综合选用。

（2）会设置文本、段落和页面格式，会制作表格，能绘制简单的二维和三维图形并打印成型。

（3）会使用目录、题注等文档引用工具，会应用数据表格和相应工具自动生成批量图文内容。

（4）了解图文编辑的业务规范、版式规范，会对文、图、表进行混合排版和美化处理。

（5）会查询替换、检查校对文档内容，会修订和批注文档信息，会对文档进行信息加密和保护，会转换、合并、打印文档。

（6）能编辑制作不同类型的实用图册，提高创新创意能力。

任务 1 操作图文编辑软件

任务目标

◎了解图文编辑软件的功能、应用领域、基本操作方法；

◎了解图文作品版式设计的方法和原则；

◎掌握图文编辑软件的新建和保存、文本操作、布局设置、背景绘制、图片效果等操作方法；

◎根据工作任务要求，遵循图文编辑相关业务规范、版式规范和美学常识，团队协作完成生产、生活中的图表编辑应用典型案例；

◎在学习和工作过程中提高审美能力和创新能力。

任务梳理

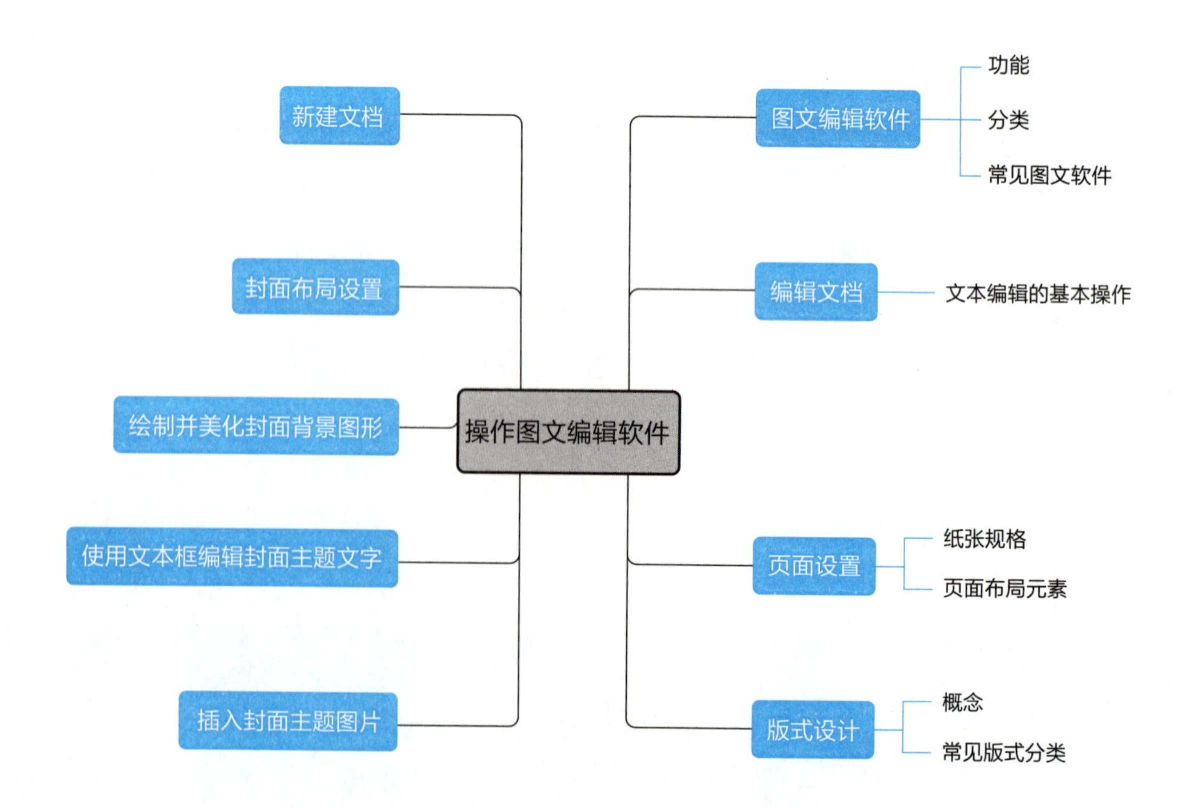

知识进阶

一、图文编辑软件的版本

出于不同类型用户的功能需求不同，软件厂商一般会在通用功能的基础上提供差异化软件版本。WPS 常见的版本有个人版、专业版、企业版等。个人版免费，专业版和企业版需要缴纳授权或许可费用。

二、文档模板

模板是应用于整个文档的一组排版格式和文本形式，用于帮助用户快速生成特定类型的文档。单击在 WPS 软件的“文件”下拉按钮，通过“新建”菜单命令可以从不同来源的模板新建文档，如图 3-1 所示；或在“新建”选项卡中点击一个在线模板并预览后下载使用，如图 3-2 所示。

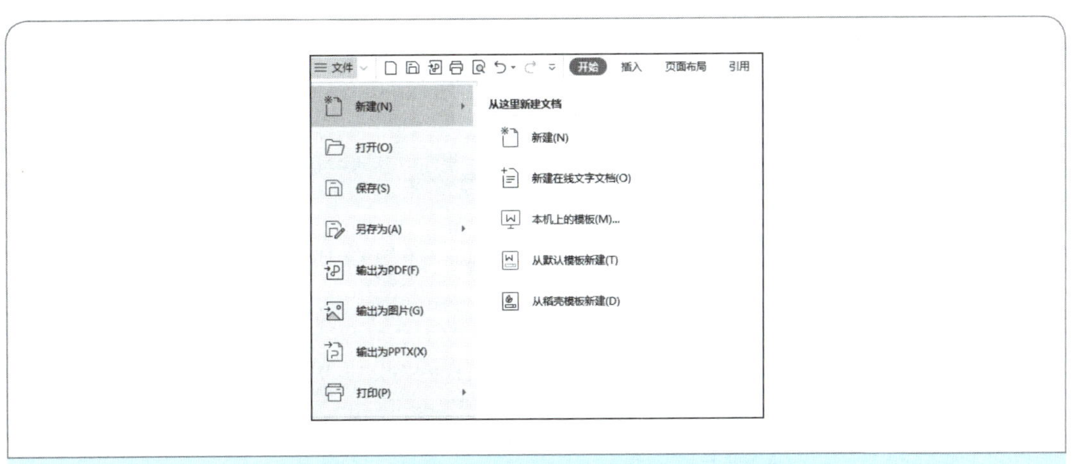

图 3-1 通过“新建”菜单命令新建文档

图 3-2 通过“新建”选项卡新建文档模板

三、在线编辑器

在线编辑器是一种通过浏览器等来对文字、图片等内容进行在线编辑修改的工具。一般所指的在线编辑器是指 HTML 网页编辑器，多用来做网站内容信息的编辑、发布和在线文档的共享等，比如新闻、博客、微信公众号文章发布等，可获得“所见即所得”效果，由于其简单易用，被网站广泛使用，为众多网民所熟悉。常见的在线编辑器有 FreeTextBox、CKeditor、KindEditor、WebNoteEditor 等。

四、图文编辑软件的组件

图文编辑软件一般是多个组件的集合，包括多个不同功能的软件，即文字处理软件、数据处理软件、演示文稿制作软件。

文字处理软件（见图 3–3）主要提供图文编辑、排版等功能，包括创建和编辑常见文档，如公文、论文、信函、报告、新闻稿件等。

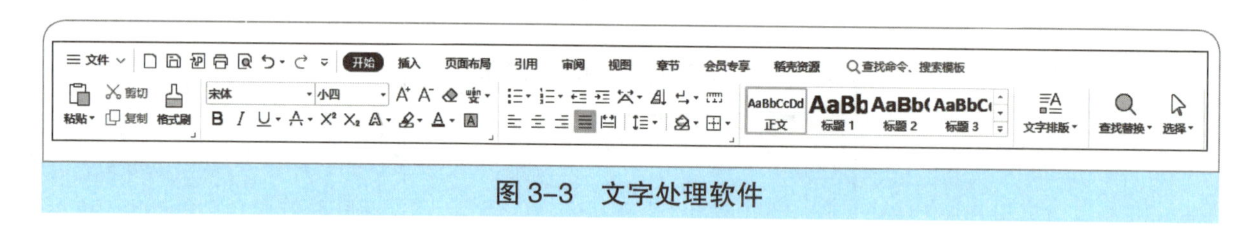

图 3–3 文字处理软件

数据处理软件（见图 3–4）主要实现数据采集、计算分析、数据可视化，比如，在疫情上报时采集人员流动和身体健康数据，在旅游住宿经营场所登记人员信息，在各类竞赛中对选手成绩实施统计排序，在企业经营过程中对销售或财务数据实施计算分析并制作数据图表。

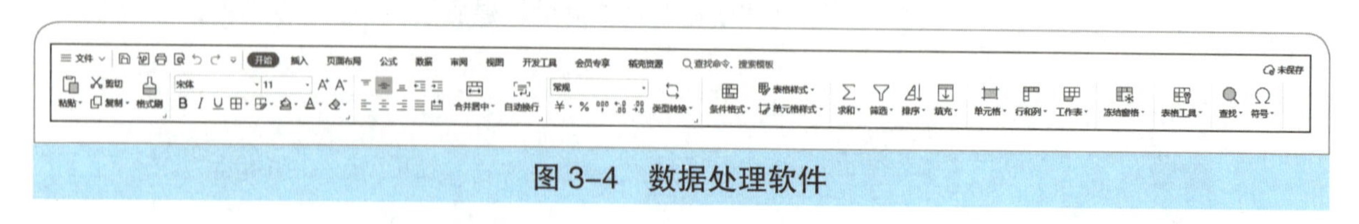

图 3–4 数据处理软件

演示文档制作软件（见图 3–5）提供创建和编辑幻灯片功能，将图片、文字、视频等媒体素材整合组织，有序编排，突出重点，注重美观，可用于会议、展会、汇报等场合，比如产品发布会、商品交易会、室外广告屏、毕业答辩等。

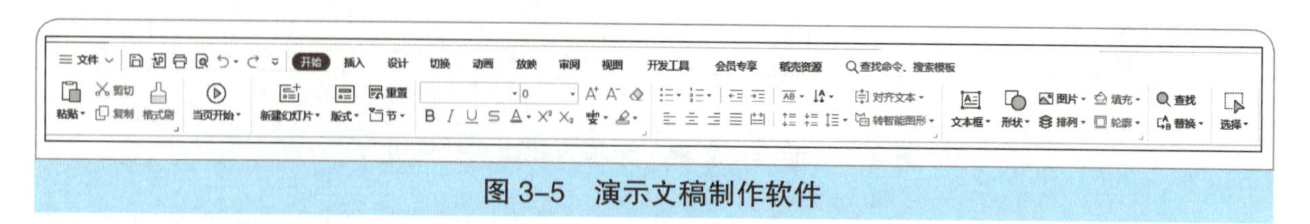

图 3–5 演示文稿制作软件

对应以上组件，WPS Office 自主研发了 WPS 文字、WPS 表格、WPS 演示，分别提供文字处理、数据处理、演示文稿制作等功能，除此之外，还有金山文档等在线协作平台都实现了远程共享或协同编辑。

五、页面规格

页面是图文编辑中所有内容的基本容器，无论何时所有内容都应在一个页面中，页面设置的对象主要有大小（见图 3–6）、方向、边距、边框、页眉页脚、页码等，如图 3–7 所示。页边距就是内容区域与页面上下左右边缘的距离。页面大小一般同常见的纸张规格，也可自定义页面的长宽。页面方向通常有横向和纵向两个布局方向。

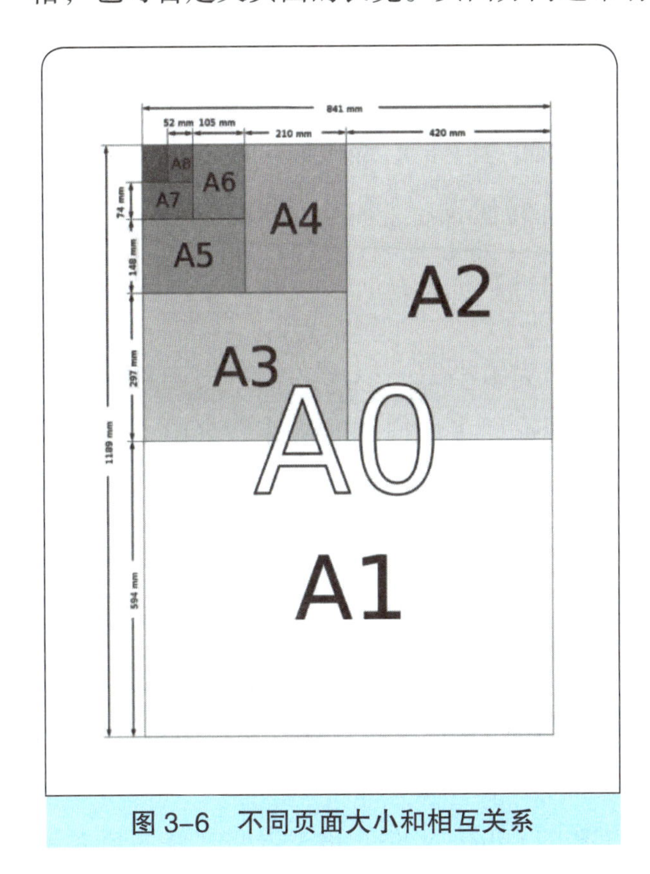

图 3–6 不同页面大小和相互关系

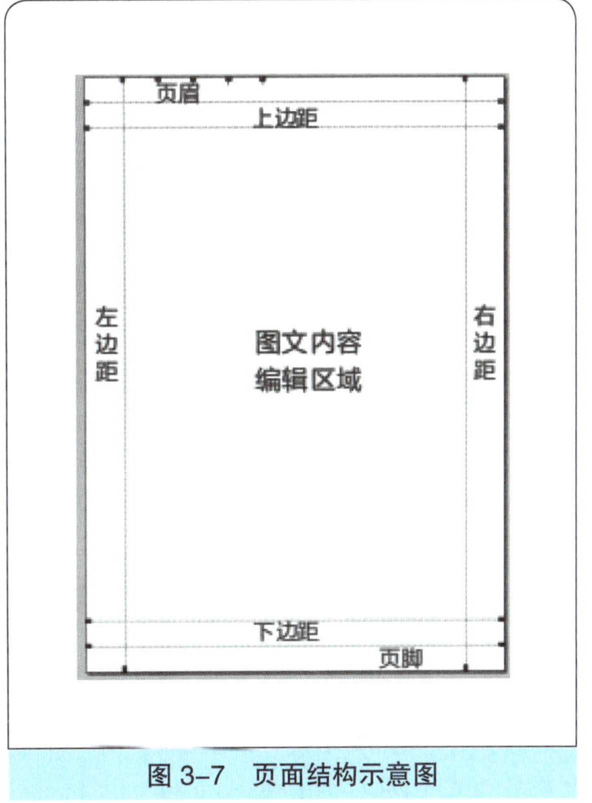

图 3–7 页面结构示意图

六、WPS 发展历程

1. WPS 发展简介

WPS Office 是中国金山公司开发的一款办公软件。1988 年 5 月至 1989 年 9 月，金山软件创始人求伯君独自完成了十几万行代码，开发了第一版的 WPS 1.0，运行于最早的 DOS 操作系统上。软件推出后，一年卖出三万多套，销售额超过 6 000 万元。1990 年，微软发布了 Windows 3.0 操作系统，自家的 Word 也随同操作系统内置，某些功能比 WPS 好用。于是，金山公司集中力量和资源研发基于 Windows 操作系统的新版 WPS，期待与 Word 开展竞争。不曾想，金山错估了 DOS 被淘汰的速度，在历时三年的开发周期中没有更新 DOS 版本，WPS 的市场份额被其他软件占领，销售额不断走低。1996 年，微软与金山达成协议，双方均可使用对方的文件格式。但金山没有想到的是，协议刚签完没多久，微软就发布了 Windows 97，在 Windows 97 占据中国市场后，微软宣布 Word 将与 Windows 97 捆绑使用。由于金山没有及时研发兼容 Windows 97 的 WPS 产品，原有的用户在使用 Windows 97 的同时，选择了 Word。1997 年 10 月，新一版 WPS 重新亮相，两个月就卖出 1.3 万套。1998 年，雷军担任公司总裁，后又担任董事长，在随后的 20 多年间，他带领金山多次转型，逐步发展，逐步壮大。现今，WPS Office 服务了全球 220 个国家或地区，每天超过 5 亿个文档被 WPS Office 创建编辑和分享，每月 3.1 亿用户使用金山办公软件进行创作，覆盖了我国 30 多个省市自治区政府、400 多个市县级政府，政府采购率达到 90%，移动市场占有率第一，已经成为国产软件的优秀代表。

2. 金山文档

伴随互联网的迅猛发展，各种各样的云端应用层出不穷，以图文编辑为主要功能的传统办公软件也迁移到云端，一部手机就可以实现远程多用户同时协作。金山文档就是 WPS Office 的云版本。金山文档融合表单、待办、日历、会议于一体，在线协同，智能办公，拥有多项实用功能或特性。多人协作，支持多人实时在线查看和编辑，一个文档，多人同时在线修改，实时保存历史版本，随时可以恢复到任何一个历史版本。安全控制，云端文件加密存储，除由发起者指定可协作人之外，还可以设置查看 / 编辑的权限。完全免费，齐全的 Office 功能皆免费使用，还有上百份高效模板，免费提供。完美兼容，直接编辑 Office 文件没有转换格式流程，确保内容不丢失，和 WPS 电脑版、WPS 手机版无缝整合，随时切换。支持超大文件，支持最大 1 GB 的 Office 文件，超大表格文件、超大演示文件都可以放心使用。纯网页，全平台无须下载，只需一个浏览器，随时随地创作和编辑文件；电脑、手机皆可流畅使用，不挑设备，带给你原汁原味 Office 编辑体验。更智能的文件管理，智能识别文件来源，轻松管理多台设备上打开的文件，搜索文件类型或者关键字，在海量文件中找到所需。

图 3-8 所示为金山文档界面。

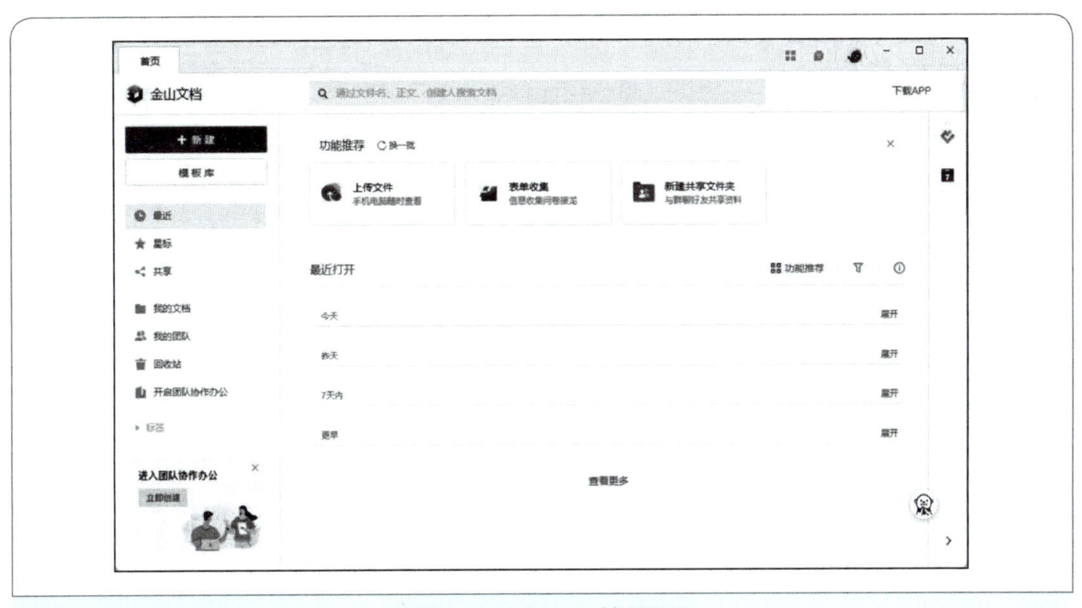

图 3-8　金山文档界面

七、软件国产化

当今，软件产业已经成为全球最大、渗透力最强的新兴产业之一，其产业关联度大，对国民经济一、二、三产业都具有积极的推动作用，它不仅在解决就业、吸引外资方面具有重大作用，还关系到国家安全，软件技术已经成为强权国家控制他国的重要法宝和技术手段。

目前，我国软件企业在应用软件、行业解决方案方面已经具备完全替代国外软件产品的能力，信息化平台基本能够替代国外产品，但基础软件和工业软件与国外软件尚存在差距，国产软件还不能完全满足我国经济社会发展和保障国家信息安全的需要，关键软硬件实现国产化还任重道远。

表 3-1 列出了信息产业链上软件产品国内外代表企业。

表 3-1　信息产业链上软件产品国内外代表企业

一级分类	二级分类	国外代表性企业	国内代表性企业
基础软件	操作系统	微软、Linux、苹果等	统信软件、麒麟软件
	数据库	Oracle、IBM、微软、SAP	人大金仓、武汉达梦、神舟通用、南大通用
	中间件	IBM、Oracle、BEA、HP 等	东方通、中创、中和威、汇金科技、普元
信息化平台		SAP、Oracle、微软、HP 等	用友、普元、东软

续表

一级分类	二级分类	国外代表性企业	国内代表性企业
应用软件	ERP	Oracle、SAP、Infor、Sage	用友、金蝶、浪潮、新中大
	CRM	SAP、Oracle、微软、Salesforce	用友
	协同办公 OA	IBM、Oracle	万户网络、泛微、致远、慧点科技
	HRM/HCM	SAP、Oracle、Sage	用友、东软
	MES	SIMENS、达索系统、SAP 等	浙大中控、艾克斯特、上海宝信
	CAD	达索系统、美国参数、SIMENS	CAXA、中望、浩辰
	EC	Oracle	用友、浪潮
安全产品		趋势科技、Symantec、RSA	天融信、360、启明星辰

2020 年 8 月 4 日，国务院印发《新时期促进集成电路产业和软件产业高质量发展的若干政策》，制定出台财税、投融资、研究开发、进出口、人才、知识产权、市场应用、国际合作等八个方面政策措施，鼓励集成电路产业和软件产业发展，大力培育集成电路领域和软件领域企业，推动我国集成电路产业和软件产业实现高质量发展。

自主产品和技术是安全之源，自主才能可控。面对严峻的安全形势和“卡脖子”风险，我国软件产业亟待突破核心技术瓶颈，推进国产网络设备、操作系统、数据库以及国产云平台、云存储、云安全等关键软硬件大规模应用，建立具有自主知识产权的产业生态体系，加快推进软件国产化步伐，为我国政治、经济、军事、科技和社会发展筑牢安全屏障。

——选编自《我国软件产业国产化发展战略研究》(《技术经济与管理研究》期刊，2016 年第 8 期，作者谭章禄）

例题分析

例题 1

【填空题】宣传册封面主要有________、________、________等几个方面。

【答案】封面　目录　正文

【解析】封面是作品的第一页，是书籍设计的门面，通过艺术形象设计表达书籍的内容和主题。

例题 2

【填空题】封面的三要素是__________、__________、__________。

【答案】图形　色彩　文字

【解析】图形是封面的大体轮廓，色彩的填充使封面更加生动，文字是封面必备的要素，一目了然地表达作品主题或内容。

例题 3

【单选题】图文编辑软件最基本的功能是（　　）。

A. 文字操作　　B. 图形填充　　C. 页面设置　　D. 封面编辑

【答案】A

【解析】图文编辑的主要内容是文字和图片的混合排版，相对于图片，文字的编辑内容更多，因此文字操作是图文编辑最基本的功能，也是主要功能。

例题 4

【多选题】图文编辑软件一般有（　　）几个主要组件。

A. 文字处理　　B. 数据处理　　C. 演示文档制作　　D. 数据库运算

【答案】ABC

【解析】图文编辑软件一般有文字处理、数据处理、演示文档制作三个主要组件，分别完成文字排版、数据统计计算、幻灯片设计制作。数据库运算不是图文编辑软件的主要组件。

例题 5

【判断题】WPS 文件的默认格式是“.doc”。（　　）

【答案】√

【解析】WPS 文件的默认文件格式是“.WPS”，“.doc”是微软 Office 软件中 Word 组件的默认文档格式。WPS Office 兼容 Microsoft Office 的大多数图文编辑文档格式。

练习巩固

一、填空题

1. 启动 WPS Office 软件时，单击左侧列表中的__________图标，或在已打开的 WPS 文档中使用 Ctrl+N 组合键快捷创建。

2. 在设置页边距的大小时，需要在__________选项卡中操作。

3. 绘制图形时，先按住__________键，拖住鼠标可以成比例绘制形状。

4. 在对封面主题文字进行编辑时，需要在“插入”选项卡中，单击__________下拉按钮。

二、单项选择题

1. 若要从本地计算机插入图片，应在“插入”选项卡中，单击“图片”下拉按钮中的（　　）命令。

A. 来自文件　　B. 来自文件夹　　C. 来自磁盘　　D. 来自计算机

2. 复制全文内容的快捷键是（　　）。

A. Ctrl+A　　B. Ctrl+T　　C. Ctrl+X　　D. Ctrl+C

3. 粘贴文本的快捷键是（　　）。

A. Ctrl+A　　B. Ctrl+T　　C. Ctrl+V　　D. Ctrl+C

4. 移动文本时，需要选中内容，直接拖到新的位置，或先后使用（　　）和 Ctrl+V 组合键，通过剪切和粘贴实现文本的移动。

A. Ctrl+T　　B. Ctrl+X　　C. Ctrl+A　　D. Ctrl+F

5. 页面是图文编辑时所有内容的基本容器，开始图文编辑前，通常要进行（　　）。

A. 页面布局　　B. 文版操作　　C. 形状设置　　D. 颜色填充

6. 一般地，精美的图文作品第一页一般都是（　　）。

A. 目录　　B. 正文　　C. 封面　　D. 主题

7. 在 WPS 文字中，若要将选中的段落设置为“两端对齐”，则单击“开始”选项卡中的（　　）按钮。

A. ≡　　B. ≡　　C. ≡　　D. ≡

8. 在 WPS 文字中，若要将选中的文本设置为下划线，则单击“开始”选项卡中的（　　）按钮。

A. B　　B. I　　C. U　　D. A

9. 如果要在“页面布局”选项卡中对“页边距”进行个性化设置，需要单击（　　）命令。

A. “纸张大小”　　B. “效果”

C. “更多”　　D. “自定义页边距”

10. 在“插入”选项卡中，单击“形状”下拉按钮，选择一个图形，鼠标变为（　　）形，移动鼠标到既定位置后拖动鼠标，完成图形绘制。

A. “=”　　B. “+”　　C. “◎”　　D. “→”

三、多项选择题

1. 页面布局时同时会设置（　　）。

A. 大小　　B. 页面方向　　C. 页边距　　D. 页码

2. 页面布局通常有（　　）和（　　）两个布局方式。

A. 横向　　B. 纵向　　C. 斜向　　D. 圆形

3. WPS Office 支持的文件格式有（　　）。

A. “.wps”　　B. “.doc”　　C. “.docx”　　D. “.jpeg”

4. 文字是封面的核心要素，可以在（　　）这几个方面进行设置。

A. 字形　　B. 大小　　C. 色彩　　D. 图案填充

5. 可以利用图片工具对“图片效果”进行设置，常见的图片效果有（　　）。

A. 阴影　　B. 发光　　C. 柔化边缘　　D. 倒影

四、判断题

1. 在 WPS Office 中完成文档编辑后，可以导出为其他文档格式，比如 PDF、PPTX 或 JPEG。（　　）

2. 绘制图形时，先按住 Shift 键，拖动鼠标可锁定比例绘制形状。（　　）

3. 在绘制图形区域中插入文字，需要单击“文本框”下拉按钮，选择“横向文本框”或“竖排文本框”。（　　）

4. 在 WPS 文字的“字体”对话框中，可以设置对齐方式。（　　）

5. 在 WPS 文字中选中某句话，连击两次“开始”选项卡中的“倾斜”按钮，则这句话的字符格式不变。（　　）

五、实践操作题

制作如图 3–9 所示的封面。

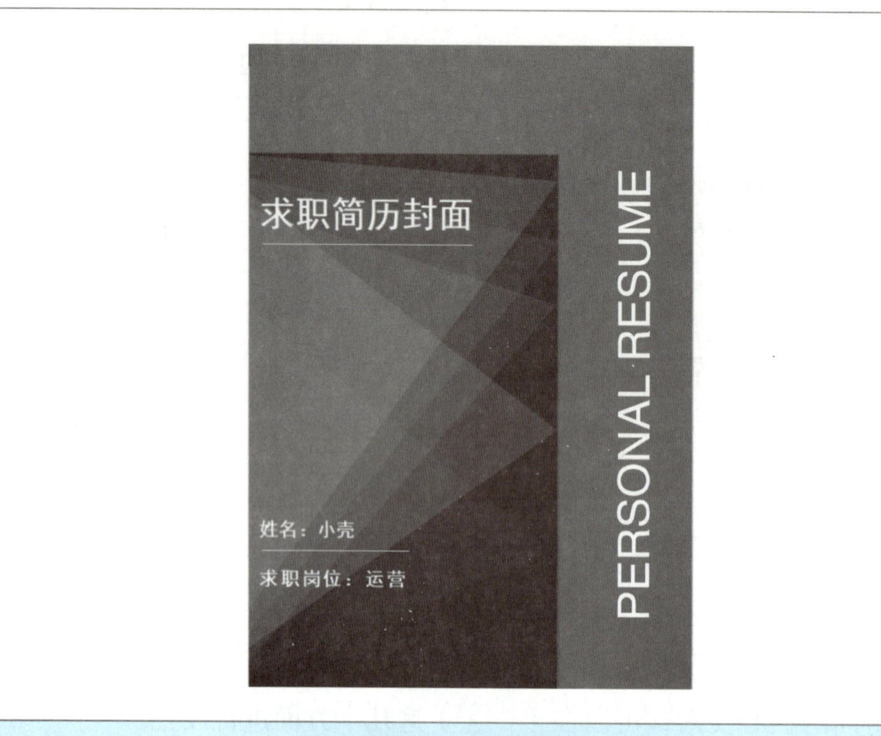

图 3–9 封面示例

任务2 编排宣传册正文

任务目标

◎熟练使用图文编辑软件设置标题、正文等不同内容的文字格式、段落格式；

◎熟练使用样式功能批量设置段落或文本的外观效果；

◎熟练使用图文编辑软件完成艺术字修饰、图片裁剪、文字环绕等图文混合排版；

◎熟练使用图文编辑软件完成智能图形、思维导图等图形的绘制和格式修饰；

◎掌握页眉、页码的设置，根据需要配合添加自定义页眉或页码；

◎根据工作任务要求，遵循图文编辑相关业务规范、版式规范和美学常识，团队协作完成生产、生活中的图表编辑应用典型案例。

◎在学习和工作过程中提高审美能力和创新能力。

任务梳理

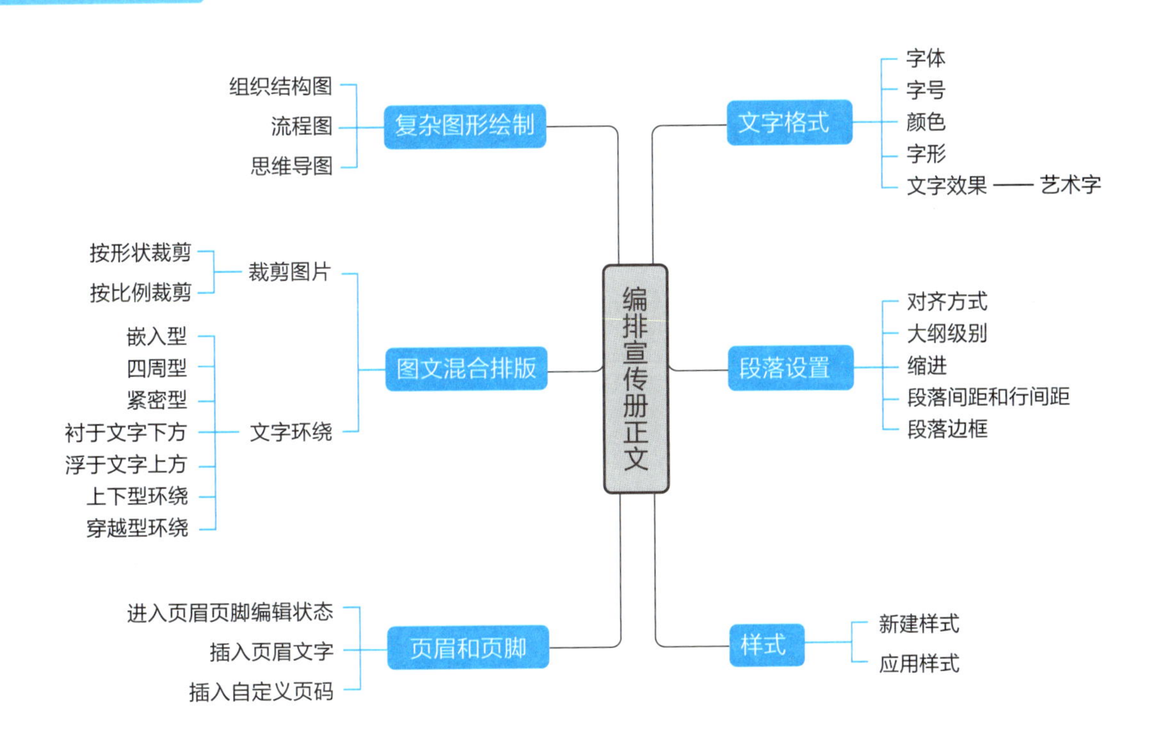

■ 知识进阶

一、符号

文本通常包括文字和符号。文字和常用符号通常由键盘录入，一些特殊符号则主要通过“插入”选项卡的Ω按钮方式实现。图 3–10 所示为插入常用符号，图 3–11 所示为符号对话框。

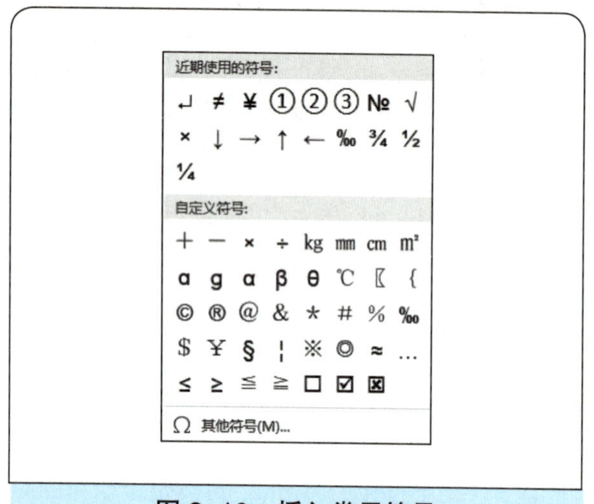

图 3–10 插入常用符号

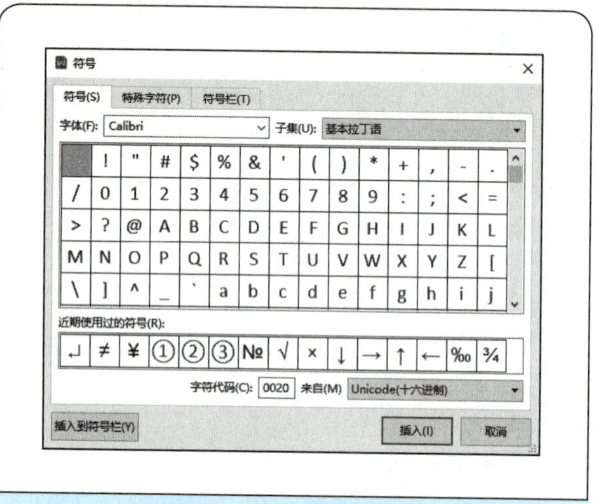

图 3–11 符号对话框

二、格式刷

格式刷是 WPS 的格式复制工具，用格式刷“刷”格式，可以快速将指定段落或文本的格式沿用到其他段落或文本上，实现格式的快速设置。格式刷位于“开始”工具栏上，图标为。先把光标放在设置好格式的文字上，然后点格式刷图标，指针会变为一个画刷图标，然后选择需要同样格式的文字，鼠标左键拉取范围选择，松开鼠标左键，相应的格式就会设置好。

若要将格式一次性地应用到多个文本或图形块，可双击“格式刷”，随后逐个单击要设置格式的文本或图形。

三、文字方向

现有的多数出版物或文档一般是从左到右水平方向书写的，如要实现古代的垂直方向的书写顺序，就需要改变文字方向。操作步骤：选中文本，在“页面布局”选项卡中单击“文字方向”按钮，在下列列表中选择一种命令，如图 3–12 所示。

四、艺术字

（1）插入艺术字。定位光标，在“插入”选项卡中单击“艺术字”，在下拉列表中选中一种预设样式，然后修改文字内容。

（2）修改艺术字文本效果。选中艺术字，切换到“文本工具”选项卡，单击“文本效果”，移动鼠标在下拉列表中选择一种效果。

（3）自定义艺术字文本填充。选中艺术字，切换到“文本工具”选项卡，在“文本填充”的下拉列表中选择“更多设置”，或者在快捷菜单中选择“设置对象格式”菜单命令，窗口右侧将显示“属性”工具栏，切换到“文本选项”选项卡即可设置文本填充效果，如图 3-13 所示。

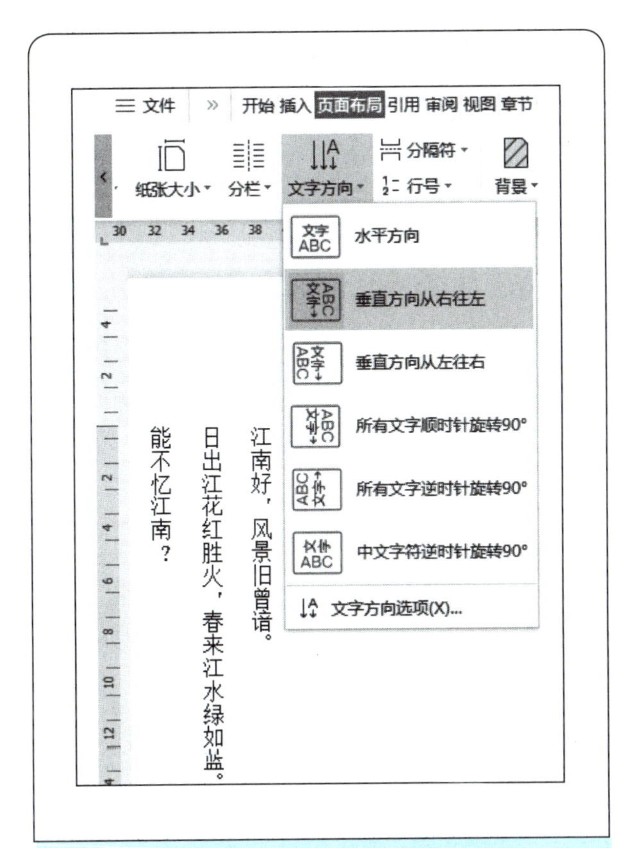

图 3-12 “页面布局”选项卡

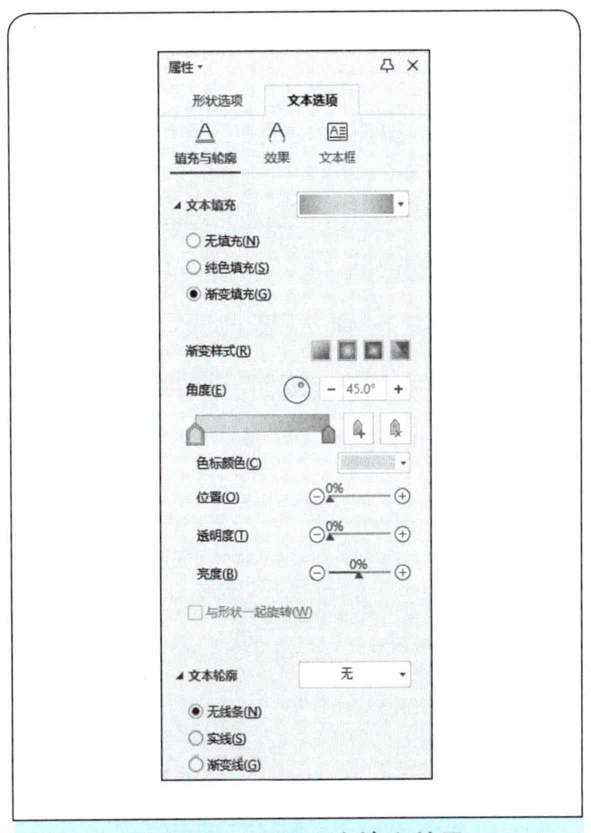

图 3-13 设置文本填充效果

五、使用图文混排制作通知

使用图文混排制作通知，操作步骤如下：

（1）首先使用艺术字功能制作好电子印章图片。

（2）编辑好通知正文，如图 3-14 所示。

（3）单击菜单栏“插入”→“图片”选项，选择印章图片。

（4）选中图片，将印章图片的环绕方式设置为“浮于文字上方”，如图 3–15 所示，再将印章拖动到落款文字。

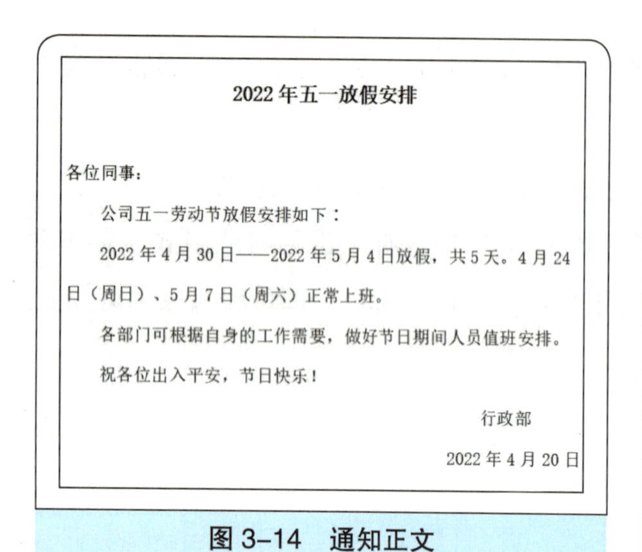

2022 年五一放假安排

各位同事：

公司五一劳动节放假安排如下：

2022 年 4 月 30 日——2022 年 5 月 4 日放假，共 5 天。4 月 24 日（周日）、5 月 7 日（周六）正常上班。

各部门可根据自身的工作需要，做好节日期间人员值班安排。

祝各位出入平安，节日快乐！

行政部

2022 年 4 月 20 日

图 3–14 通知正文

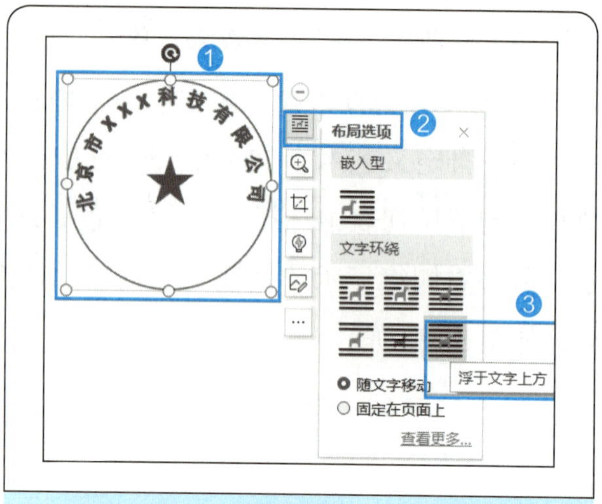

图 3–15 设置印章图片的环绕方式

（5）再次选中图片，单击菜单栏“图片工具”→“设置透明色”选项，此时鼠标变成了一支笔的形状，移动光标至印章白色背景处单击，如图 3–16 所示。

（6）为防止别人篡改文件，可以为文档加设编辑权限。单击菜单栏的“审阅”→“文档权限”按钮，调出“文档权限”对话框，开启“私密文档保护”，按照对话框提示使用 WPS 帐户登录。如图 3–17 所示。

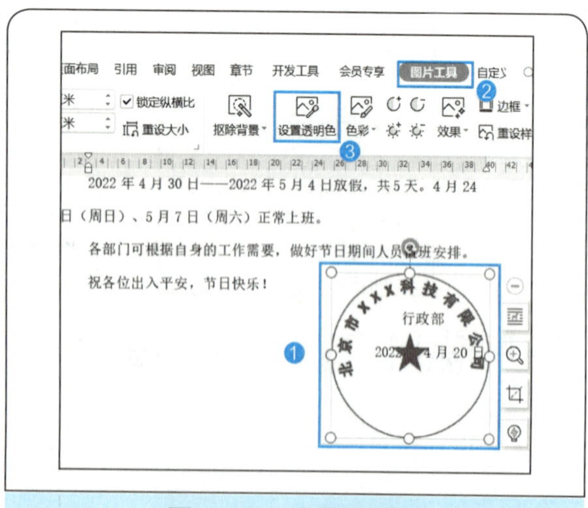

图 3–16 设置透明色

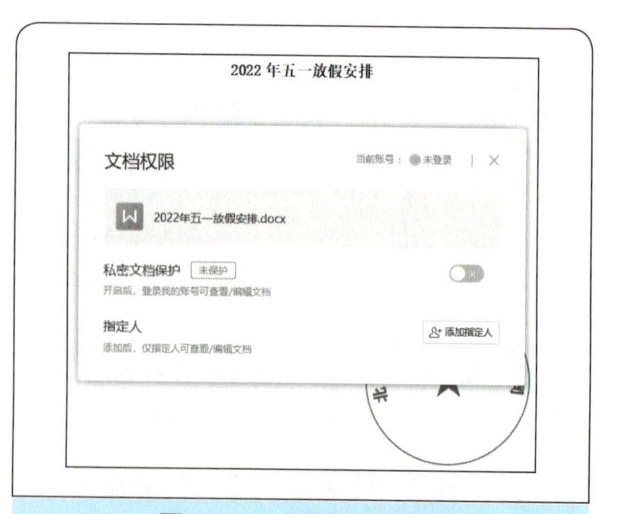

图 3–17 设置文件密码

■ 例题分析

例题 1

【填空题】最基本的文字格式设置包括__________、__________、__________等几个方面。

【答案】字体　字号　颜色

【解析】文字最基本的格式有文字的字体、字号和颜色，使用图文编辑软件的相关工具可以修改文字的字体类型、字号大小、字形（常规、加粗、斜体、加粗斜体）、文字颜色（前景色、填充色）、效果（删除线、上标、下标等）、边框或底纹、动态效果等。

例题 2

【单选题】在 WPS 文字中，为了将图形置于文字的上一层，应将图形的环绕方式设为（　　）。

A. 四周型环绕　　B. 衬于文字上方　　C. 浮于文字下方　　D. 无法实现

【答案】B

【解析】环绕方式指图像图形和文本之间的相对位置关系、叠放层次和组织形式，共有七种方式。“浮于文字上方”是将图片置于文本顶层，可用这种方式遮盖文档中的文本内容。

例题 3

【单选题】（　　）是 WPS 支持的结构化图形。

A. 智能图形　　B. 组织结构图　　C. 二维码　　D 思维导图

【答案】C

【解析】WPS 支持的图形可分为非结构化图形和结构化图形，前者包括普通几何图形、条码、二维码、数学图形、数据图表、二维模型和三维模型等，后者包括智能图形、组织结构图、流程图、思维导图等。

例题 4

【多选题】新建样式时，可以设定样式的（　　）。

A. 字体　　B. 段落　　C. 文字效果　　D. 快捷键

【答案】ABCD

【解析】在新建样式的时候，可以设定样式的格式有七大类，分别是字体、段落、制表位、边框、编号、快捷键、文本效果。

练习巩固

一、填空题

1. 在 WPS 文字中，除了第一行之外，段落其余所有行都缩进一定值的缩进方式是__________。

2. 段落格式设置中，“ ≡ ”图标代表__________对齐方式。

3. 在设置页眉页脚时，如内置样式不满足需要，可单击“页码（N）”创建__________页码格式。

4. 选择图片后，出现浮动工具按钮，单击图标，是指对图片进行__________。

5. 正文页中有格式相同的段落，为简化格式的编辑和修改操作，实现快速排版，可以使用__________功能。

二、单项选择题

1. 用线条将矩形框相连接，构成有层次的树状结构，表达机构或企业内部组织及相互间的层级关系，这种图形称为（　　）。

A. 思维导图　　B. 组织结构图　　C. 心智图　　D. 流程图

2. 文字环绕在规则的图片周围，文字和图片四周之间有规则形状的间隙，这种环绕方式称为（　　）。

A. 嵌入型　　B. 紧密型环绕　　C. 上下型环绕　　D. 四周型环绕

3. 在 WPS 文字中，如果想打印文档的第 3、5、7 三页内容，需要在“打印”对话框“页码范围”栏输入（　　）。

A. 3–7　　B. 3，5，7　　C. 357　　D. 3、5、7

4. 在 WPS 文字的“打印”对话框“页码范围”栏中输入“3–5，12，16”，则（　　）。

A. 打印第 3 页至第 5 页、第 12 页、第 16 页

B. 打印第 3 页、第 5 页、第 12 页、第 16 页

C. 打印第 3 页至第 5 页

D. 打印第 3 页、第 5 页，第 12 页至第 16 页

5. ↕☰▾ 的作用是（　　）。

A. 向上或向下移动文字　　B. 调整行距

C. 上下对齐　　D. 排序

6. 在 WPS 文字中，为了使文字绕着插入的图片排列，可以进行的操作是（　　）。

A. 插入图片，设置“文字环绕”　　B. 插入图片，调整图片大小

C. 插入图片，设置文本框位置　　D. 插入图片，设置叠放次序

7. 在 WPS 文字中，以下属于段落格式设置的操作是（　　）。

A. 设置文档为两栏　　B. 设置字体为楷体

C. 设置首行缩进 2 字符　　D. 设置底纹为红色

8. 在 WPS 文字中，设置字体的底纹，需要在（　　）选项卡中操作。

A. 开始　　B. 页面布局　　C. 插入　　D. 视图

9. 如果想为文档添加文字水印，首先要单击（　　）选项卡。

A. 开始　　B. 页面布局　　C. 插入　　D. 视图

10. 若要从文档中间的某个页面从 1 开始设置起始页码，应该使用（　　）功能。

A. 插入本节页码　　B. 插入连续分页符

C. 插入连续分节符　　D. 插入新页码

三、多项选择题

1. 在 WPS 文字中能对插入的图片进行哪些操作，以下正确的是（　　）。

A. 改变图片大小　　B. 设置环绕方式　　C. 旋转　　D. 添加底纹

2. 以下哪些对象可以插入 WPS 文字文档中？（　　）

A. 图片　　B. 智能图形　　C. 条形码　　D. 水印

3. 在 WPS 文字中，可以对（　　）加边框。

A. 图片　　B. 段落　　C. 页面　　D. 选定文本

4. 在 WPS 文字中，插入一个空表格的操作方法是（　　）。

A. 使用虚拟表格插入　　B. 使用“文本转换成表格”命令

C. 使用“插入图标”对话框　　D. 使用“文本框”命令

5. 在 WPS 文字中，文档段落的对齐方式包括（　　）。

A. 两端对齐　　B. 左对齐　　C. 居中　　D. 中文版式

6. 应用样式的方法有（　　）。

A. “开始”选项卡的“格式刷”按钮

B. 先后使用 Ctrl+Shift+C 组合键和 Ctrl+Shift+V 组合键

C. 从“预设样式”列表中选择一种样式

D. 使用快捷菜单中的“选择性粘贴”命令

7. 选择文本后，可以对其设置（　　）。

A. 艺术字　　B. 间距　　C. 边框　　D. 底纹

8. 在“段落”对话框中，可以设置（　　）。

A. 对齐方式　　B. 缩减　　C. 行距　　D. 大纲级别

9. 选中图片后，可以在使用（　　）设置“文字环绕”。

A. “图片工具”选项卡中的“环绕”下拉列表

B. “页面布局”选项卡中的“文字环绕”下拉列表

C. “开始”选项卡中的“文字排版”下拉列表

D. 在快捷菜单中选择“其他布局选项”命令

10. 可以使用（　　）方式为智能图形添加项目。

A. 浮动工具按钮

B. “设计”选项卡的“添加项目”下拉列表

C. “插入”选项卡的“添加项目”下拉列表

D. 在快捷菜单中选择“添加项目”命令

四、判断题

1. 在保存 WPS 文档时可以省略扩展名，这时候系统会在文件名后自动加上扩展名“.txt”。（　　）

2.WPS 中“格式刷”按钮的作用是复制文本和格式。（　　）

3. 对插入的图片，我们可以进行“裁剪”的操作。（　　）

4. 可以对多个图片同时裁剪。（　　）

5. 双击页眉页脚，进入“页眉页脚”编辑状态，可以分别为首页、偶数页、奇数页、或不同的节设置不同的页眉和页脚。（　　）

五、实践操作题

已提供如图 3–18 所示材料，请完成以下设置。

（1）设置页面。纸张大小：自定义大小：宽度：20 厘米，高度：28 厘米；页边距：上、下: 2.6 厘米，左、右: 3.2 厘米；页眉: 1.6 厘米；页脚: 1.8 厘米。

（2）设置艺术字。将标题“探索宇宙的奥秘”设置为艺术字，艺术字式样：第 1 行第 1 列；字体：黑体；艺术字转换为：倒 V 形；填充色：黑色，按样文适当调整艺术字的大小和位置。

（3）设置栏格式。从正文第 3 段至文末，设置为两栏格式。

（4）设置边框（底纹）。正文第一段底纹，图案式样：10%，颜色：钢蓝，着色 1，80%。

（5）插入图片。在图文框中插入图片 solar.bmp，环绕方式为四周型环绕。

（6）设置页眉 / 页码。按样文添加页眉文字“行星、恒星和星系”，插入页码“第 1 页”，并设置页眉、页码文本的格式。

行星、恒星和星系　　　　第 1 页

探索宇宙的奥秘

人类总是在思索与探求着太空的奥秘，有的动物也认识星辰，某些候鸟在其移居的漫长途程中，显然是凭借星斗导向的，但唯有人类对天空总是不断地进行着探索。

天文学家从事的宇宙研究，不单是对人类本身及栖居的世界产生了深刻的影响，并且还能加深对物理以及化学两学科的认识，特别是近些年来对地球的生命起源的了解也极有贡献。可能导致复杂有机分子的有机化合物，在形成于太阳系而不受地球影响的陨星中屡有发现。

天文学家可以提出这样的问题：既然太阳由行星环绕，且其中一颗行星还有生命存在，那为何其他的恒星就不应拥有行星系统，而且其中一些行星不能有生物栖息其上呢？那些生物同地球上的生物形态是一样的吗？为什么不可以不一样呢？哪些观测结果能帮助我们解释上述问题？

虽然探索其他天体上的生物不是天文学家的主要任务，但只有对诸天体（其中不少就是我们在夜空中所见到的恒星）有了更为透彻的了解，其他星体上的生物才能为我们所认识。人类总是要求认识他们周围的客观环境，而且那个环境远远超出了我们居住的窄小庭院或附近污秽不堪的江河，这个环境小至显微镜下的世界，大至遥远无边的星系，如果我们的兴趣完全局限于现实的生活，我们的眼界也将相应地缩小，人类便太渺小了。

图 3–18　实践操作样例

任务3 制作邀请函

任务目标

◎熟练使用图文编辑软件插入表格，并能修改表格样式；

◎熟练使用表格选项卡中的各项功能完成表格的选择、插入、删除，能对单元格进行合并、拆分；

◎熟练使用公式等功能对表格中的数据进行计算；

◎理解题注、脚注和尾注的功能和区别，熟练使用它们去标注或描述对象；

◎熟练使用邮件合并功能实现内容的批量生成；

◎能根据要求正确录入数学公式；

◎能根据页面布局要求完成分栏操作；

◎熟练使用项目符号和编号对文本进行结构化标注；

◎了解三维模型的概念，能绘制简单的三维模型并在图文编辑中使用；

◎根据工作任务要求，遵循图文编辑相关业务规范、版式规范和美学常识，团队协作完成生产、生活中的图表编辑应用典型案例；

◎在学习和工作过程中提高审美能力和创新能力。

任务梳理

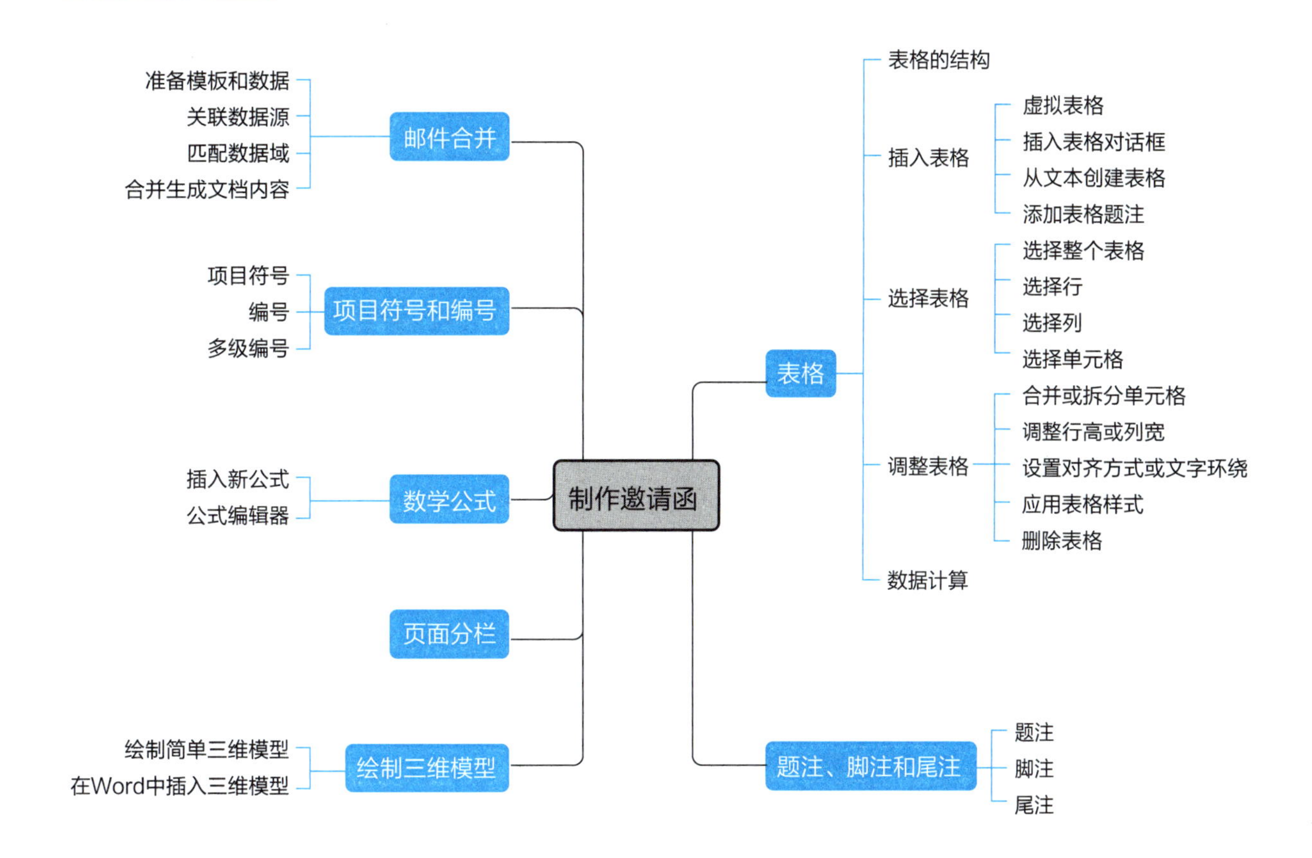

知识进阶

一、编辑表格

1. 插入单元格、行和列

在需要插入单元格、行、列的位置选择一个或多个单元格，右键单击，在弹出的快捷菜单中选择“插入”命令，在弹出的下拉列表框中选择要插入的行、列或单元格即可，如图 3–19 所示。（注意：若选取多行，则插入时就会插入多行。单元格、列插入也是同样的方法）

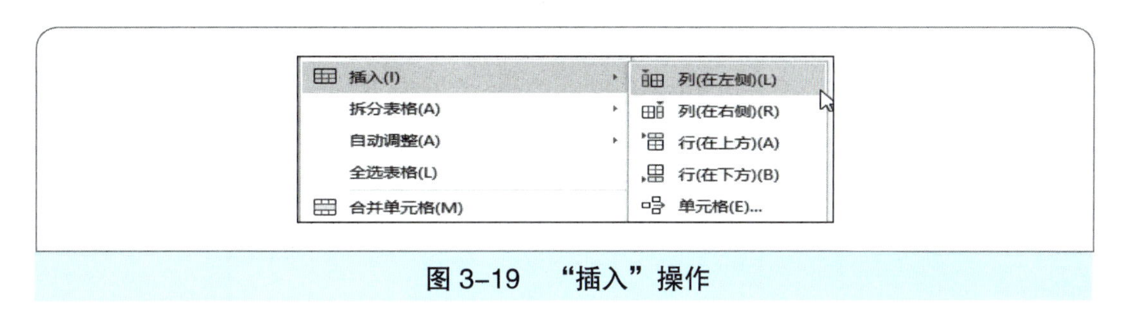

图 3–19　“插入”操作

2. 合并、拆分单元格

在编辑表格时，可以将两个及以上的单元格合并为一个单元格，也可以将一个单元格拆分为多个单元格。

（1）合并单元格：选定需要合并的单元格，单击“表格工具”选项卡下的“合并单元格”按钮即可合并单元格。

（2）拆分单元格：选定需要拆分的一个单元格或者多个单元格，单击“表格工具”选项卡下的“拆分单元格”按钮，在弹出的“拆分单元格”对话框中输入要拆分的列数和行数即可完成单元格的拆分，如图 3–20 所示。

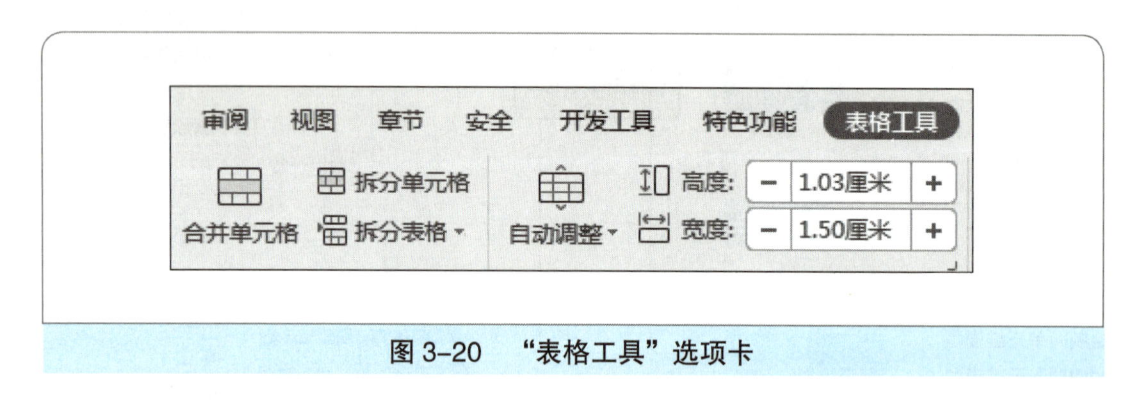

图 3–20 “表格工具”选项卡

3. 调整行高和列宽

选择需要调整行高和列宽的行或列，将鼠标移动到行、列边框线上，当鼠标指针变成↤||↦或⇳形状时，按住鼠标左键不放直接拖动到合适高度和宽度即可。

4. 删除单元格、行、列和表格

选择要删除的单元格、行、列或整个表格，单击“表格工具”选项卡下的“删除”按钮，在弹出的下拉列表中选择需要删除的单元格、行、列等，即可删除，如图 3–21 所示。

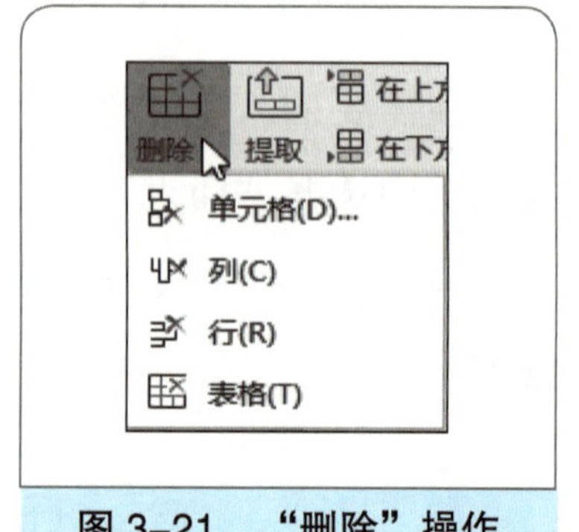

图 3–21 “删除”操作

二、美化表格

1. 设置表格边框和底纹

选中表格，单击“表格样式”选项卡，在“边框”和“底纹”按钮下可以完成表格的框线和底纹设置，如图 3–22 所示。

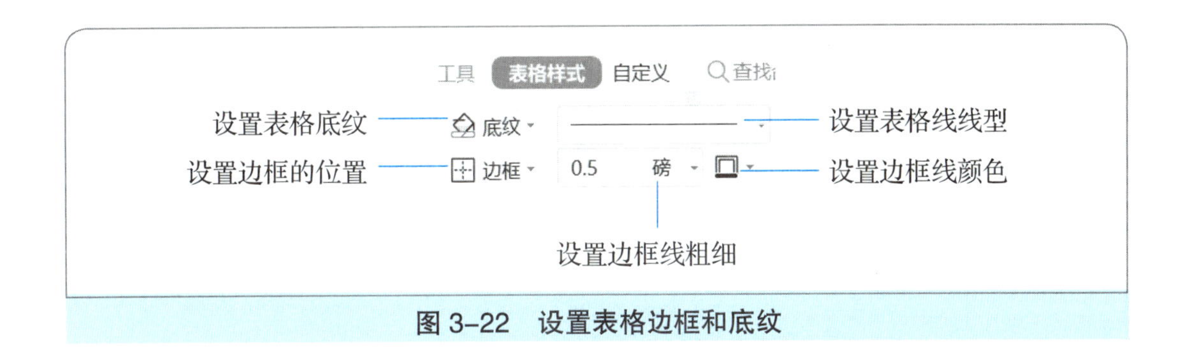

图 3-22　设置表格边框和底纹

2. 设置表格文本格式

表格的文本格式包括字体、字号、颜色、字形、文本对齐方式及文字方向。选中表格，在“表格工具”选项卡下即可完成相应的设置，如图 3-23 所示。

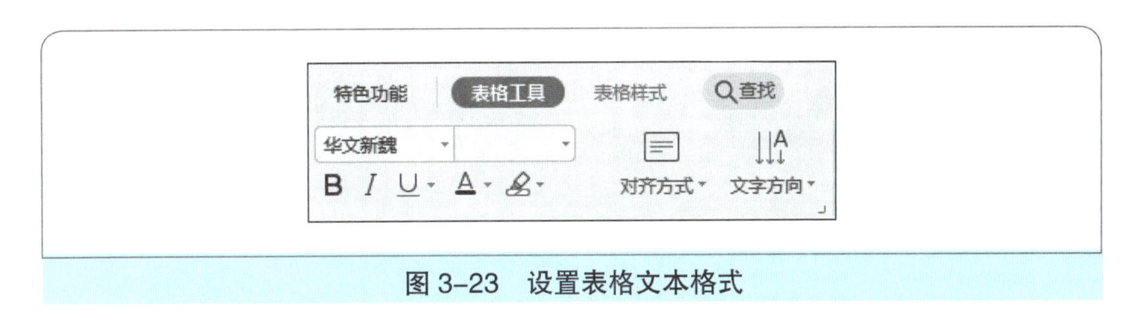

图 3-23　设置表格文本格式

三、使用表格公式计算产品总价

以这张产品表举例，先计算第一个商品的总价，将光标定位到“总价”下方的空白单元格，单击“表格工具”选项卡，选择“公式”选项，如图 3-24 所示。

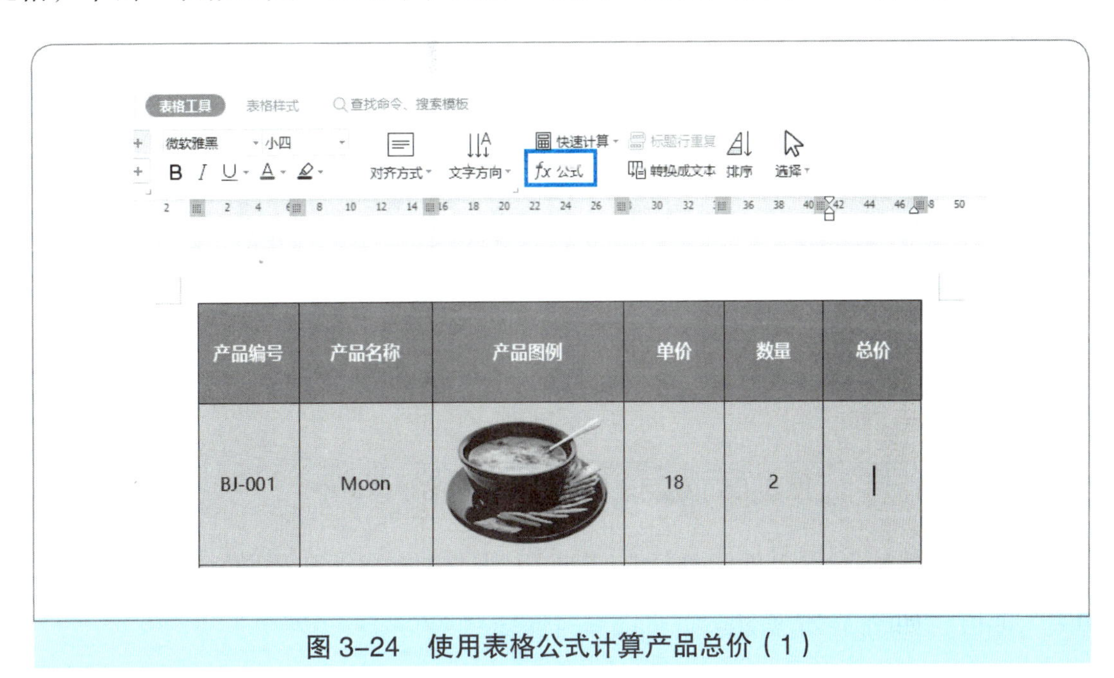

图 3-24　使用表格公式计算产品总价（1）

调出“公式”对话框，如图 3–25。清除公式文本框中自动生成的公式，仅保留等号。在“辅助”部分，数字格式选择现实两位小数，“粘贴函数”选择“PRODUCT”即相乘函数，表格范围”选择“LEFT”即向左，然后单击“确定”按钮，如图 3–26 所示，此时第一个商品的总价就计算出来了。

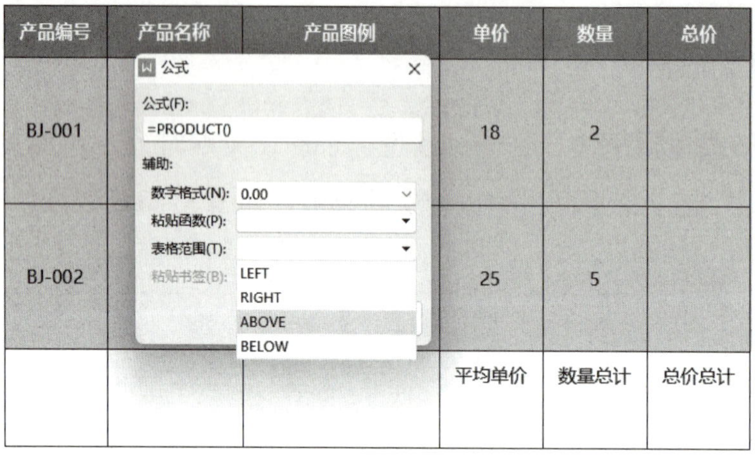

产品编号	产品名称	产品图例	单价	数量	总价
BJ-001			18	2	
BJ-002			25	5	
			平均单价	数量总计	总价总计

公式

公式(F):

=PRODUCT()

辅助:

数字格式(N): 0.00

粘贴函数(P):

表格范围(T):

粘贴书签(B):

LEFT

RIGHT

ABOVE

BELOW

图 3–25 使用表格公式计算产品总价（2）

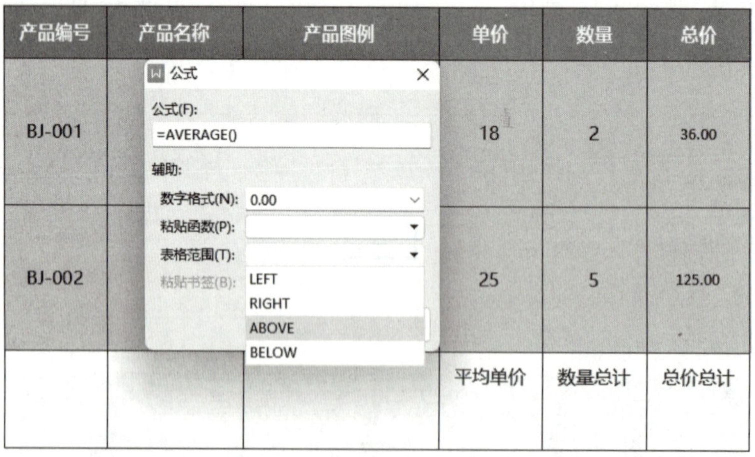

产品编号	产品名称	产品图例	单价	数量	总价
BJ-001			18	2	36.00
BJ-002			25	5	125.00
			平均单价	数量总计	总价总计

公式

公式(F):

=AVERAGE()

辅助:

数字格式(N): 0.00

粘贴函数(P):

表格范围(T):

粘贴书签(B):

LEFT

RIGHT

ABOVE

BELOW

图 3–26 使用表格公式计算产品平均单价

同理，“数量总计”和“总价总计”需要用到“SUM”求和函数，“表格范围”选择“ABOVE”即可，如图 3–27 所示。

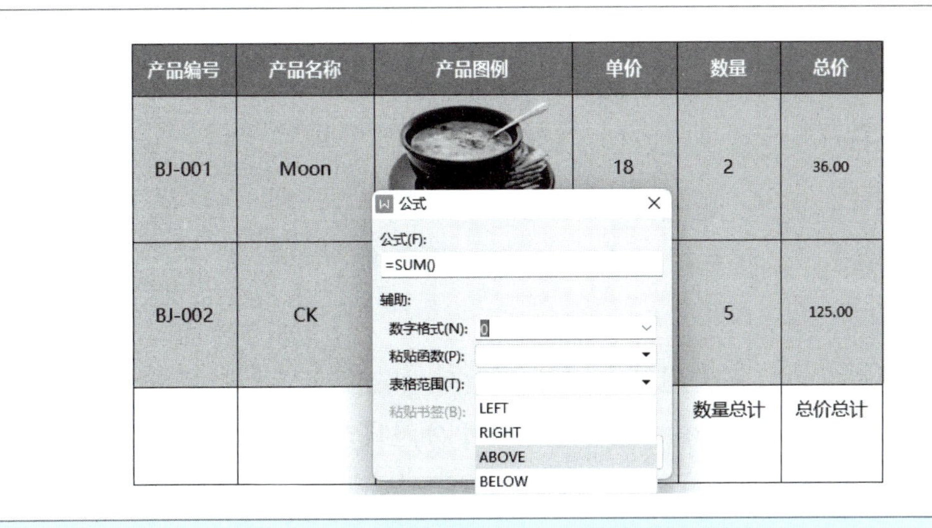

图 3-27 使用表格公式计算产品数量和总价

需要注意的是，公式计算不能计算除数字外的表格内容，如果是文本格式内容，需先修改为数值，再进行计算。

例题分析

例题 1

【填空题】在插入复杂数学公式时，需要在“插入”选项卡选择“公式”下拉列表中的__________命令。

【答案】插入新公式

【解析】WPS 提供了 9 个内置公式，如果不能满足需要，可使用“插入公式”命令，在文档中插入一个公式编辑框，然后使用“公式工具”选项卡中的各个公式模板或命令按钮录入公式。

例题 2

【单选题】选中不连续的单元格，需要按下（　　）键并保持，然后依次选中其余目标行列或单元格。

A. Shift　　B. 空格　　C. Ctrl　　D. ESC

【答案】C

【解析】按下 Ctrl 键并保持，移动光标至单元格左边线上，当光标变为↗时单击，可选中单个单元格；若要选中多个连续的单元格，可纵向或横向拖动光标。

例题 3

【多选题】下列哪些情景可以使用邮件合并功能？（　　）

A. 荣誉证书　　B. 个人学习计划

C. 会议邀请函　　D. 商品价格标签

【答案】ACD

【解析】如果文档的主要内容和格式基本相同，只是特定地方的数据或内容有变化，并且数量较多，就可以考虑使用邮件合并功能实现批量填充。个人学习计划的内容因人而异，不具有前述特征，不宜使用邮件合并功能。

例题 4

【多选题】WPS 文字具有分栏功能，下列关于分栏的描述正确的是（　　）。

A. 分栏数量没有限制

B. 可以偏右或偏左

C. 可以在栏中间加入自定义的分割线

D. 可以在一页中多次分栏

【答案】BD

【解析】分栏的数量受到页面宽度、栏宽、间距等因素限制，数量有限。栏中间的分割线默认是黑色的实线，无法自定义。

例题 5

【判断题】脚注的位置是在“页面底部”。（　　）

【答案】√

【解析】脚注是在页面底部，尾注是在文档结尾。

练习巩固

一、填空题

1. 可以在图像的下方添加__________，用简短的文字描述图片的主要内容或主题。

2. 邮件合并时，需要事先准备好__________文件，以便将其中内容插入模板文件的对应位置。

3. 在“表格属性”对话框中可以为表格设置__________、__________和__________对齐方式。

4. 单击“开始”选项卡下的☰按钮添加__________。

5. 如果要将一部分结构良好的文本转换为表格，可以使用“插入”选项卡中的“表格”下拉列表中的__________命令。

二、单项选择题

1. 对已经输入的文档进行分栏操作，需要使用的选项卡是（　　）。

A. 开始　　B. 插入　　C. 页面布局　　D. 视图

2. 给每位家长发一份期末成绩通知单，用（　　）命令最简单。

A. 复制　　B. 信封　　C. 标签　　D. 邮件合并

3. 下列操作中不能完成删除单元格操作的是（　　）。

A. 在单元格中单击鼠标右键，选择“删除单元格”命令

B. 先选中表格、行、列或单元格，按下键盘的退格键（Backspace）删除

C. 定位光标到单元格内，单击“表格工具”选项卡中的“删除”下拉列表

D. 定位光标到单元格内，单击“表格工具”选项卡中的“擦除”按钮

4. WPS 提供的单元格对齐方式有（　　）种。

A. 3　　B. 6　　C. 9　　D. 12

5. 对于一组有顺序的文本内容，使用（　　）功能效率最高。

A. 项目符号　　B. 输入一组连续的数字

C. 编号　　D. 手动分段

6. 下列关于表格的描述中，不正确的是（　　）。

A. 若要快速设置表格的外观，最便捷的操作是使用预设的表格样式

B. 可以对间隔的表格行同时调整宽度

C. 可以在一个单元格内绘制多条斜线

D. 可以为表格的不同区域设置不同粗细的边框

7. 要使用邮件合并，必须首先进行的操作是（　　）。

A. 选择收件人　　B. 选择数据源文件　　C. 插入合并域　　D. 域映射

8. 若要自动计算单元格左边所有内容的平均值，应该使用（　　）函数。

A. =SUM（ABOVE）　　B. =ABS（LEFT）

C. =AVAREGE（LEFT）　　D. =COUNT（ABOVE）

9. 在 WPS 文字中，要写入公式：$c^2=a^2+b^2$，最好使用 WPS 文字附带的（　　）。

A. 画图工具　　B. 公式编辑器　　C. 图像生成器　　D. 剪贴板

10. 下列说法中不正确的是（　　）。

A. 新插入的表格，其列宽和行高都是默认值

B. 使用表格属性对话框，可以指定单元格的具体宽度或高度

C. 可以把表格转为文字，也可将文字转为表格

D. 可以拖动表格的行列线调整行高或列宽

三、多项选择题

1. 页面页边距的调整方法有（　　）。

A. 用“页面设置”对话框　　B. 用“页边距”下拉按钮

C. 调整标尺　　D. 调整左右缩进

2. 文档的段落对齐方式包括（　　）。

A. 居中对齐　　B. 两端对齐　　C. 右边对齐　　D. 左边对齐

3. 可以自动生成目录的有（　　）。

A. 图表目录　　B. 索引目录　　C. 脚注目录　　D. 尾注目录

E. 引文目录

4. 在 WPS 文档中选定文本后，移动该文本的方法可以（　　）。

A. 使用鼠标右键拖放　　B. 使用剪贴板

C. 使用“查找”与“替换”功能　　D. 使用鼠标左键拖放

5. 在 WPS 中提供了绘图功能，用户可根据需要绘制自己所需的图形，下面说法正确的是（　　）。

A. 可以给自己绘制的图形设置立体效果

B. 多个图形重叠时，可以设置它们的叠放次序

C. 可以在绘制的矩形框内添加文字

D. 不能衬于文字下方

6. 在 WPS 文字中，插入一个空表格的操作方法有（　　）。

A. 使用虚拟表格插入　　B. 使用“文本转换成表格”命令

C. 使用“插入表格”命令　　D. 使用“绘制表格”命令

7. 表格的选择操作有（　　）。

A. 选中整个表格　　B. 选中行

C. 选中列　　D. 选中单个表格

8. 绘制三维模型的方式通常有（　　）。

A. 利用三维软件的算法建模　　B. 通过仪器设备测量建模

C. 利用图像或者视频建模　　D. 在绘图软件中手工绘制

9. 可以添加题注的对象可以是（　　）。

A. 表　　B. 图　　C. 图表　　D. 公式

10. 可以对表格进行的操作有（　　）。

A. 合并或拆分单元格　　B. 合并或拆分表格

C. 插入或删除行或列　　D. 自动调整表格中行列的高度或宽度

11. 可以对表格的单元格进行的操作有（　　）。

A. 在其中再插入一个表格　　B. 插入图片

C. 单独调整一行中某个单元格的宽度　　D. 可以指定行的精确宽度

12. 在 WPS 中编辑表格时，若要将光标移动到右边一个单元格，可以使用（　　）键。

A. Ctrl+R　　B. Ctrl+Tab　　C. Tab　　D. →

13. 关于表格，下列说法中不正确的是（　　）。

A. 选择任意一行后，可以将一个表格拆分为上下两个新表格。

B. 将光标定位到某个单元格，按下键盘上的 Delete 键，即可删除该单元格

C. 选中第一列后，可将表格拆分为左右两个新表格

D. 选中表格后，可以使用“表格工具”选项卡中的“快速计算”按钮，计算每列的平均数

14. 下面关于邮件合并的说法正确的有（　　）。

A. 数据源表格必须工整，不能有合并的单元格

B. 插入合并域时，可以在一个光标位置插入多个域

C. 当数据源文件中的数据发生变化后，还需要再执行一次插入合并域操作

D. 如果数据源文件的单元格中有函数，则合并后只能显示函数本身，不能显示运算结果

15. 利用 WPS 文字的“图片转文字”功能，可以（　　）。

A. 提取文字　　B. 转换文档　　C. 转换表格　　D. 转为 PDF 文件

四、判断题

1. 在 WPS 中，需要制作一个表格可以使用表格菜单中的绘制表格命令。（　　）

2. WPS 文档的扩展名是“.ppt”。（　　）

3. 在“表格属性”对话框中，可以指定表格的左缩进或右缩进距离。（　　）

4. 更改某字符格式，一定要选定后才可以更改。（　　）

5. 删除正文中的某个尾注编号后，相应的尾注会自动删除。（　　）

6. 项目符号或编号是放在文本前面的点或其他符号、数字序列等。（　　）

7. 使用 WPS 文字软件可以从图片中提取文字。（　　）

8. 可以使用“表格样式”选项卡中的“绘制表格”按钮在单元格内再绘制一个嵌套表格。（　　）

9. 在完成邮件合并后，应当进行的操作是“查看合并数据”。（　　）

10. 项目符号与编号一样，可以实现逐级缩进标注。（　　）

五、实践操作题

（一）参照图 3–28，利用邮件合并功能批量打印证书。

要求：

1. 利用证书背景图片，对照样图的段落格式和字体样式等制作证书模板；

2. 新建一个 WPS 表格文件，文件有姓名、获奖项目和获奖等级三列，并填充数据。

3. 使用 WPS 文字的邮件合并功能，在模板文件中插入合并域，然后导出所有证书至一个文档。

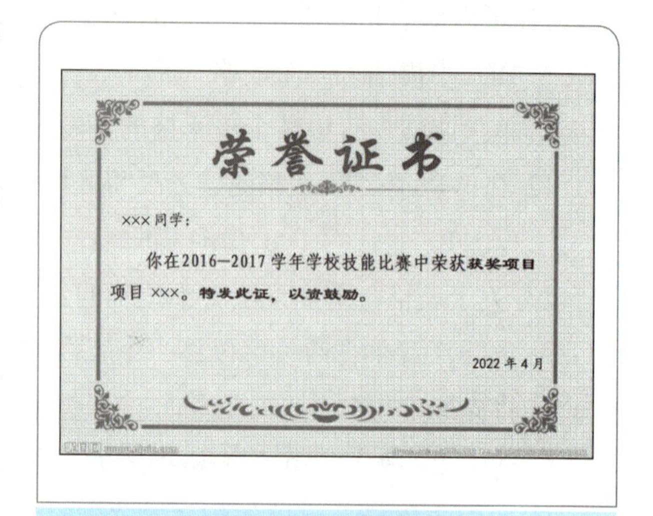

图 3–28　参考样图

（二）制作表格。按照样文（见图 3–29）设置表格和文本。

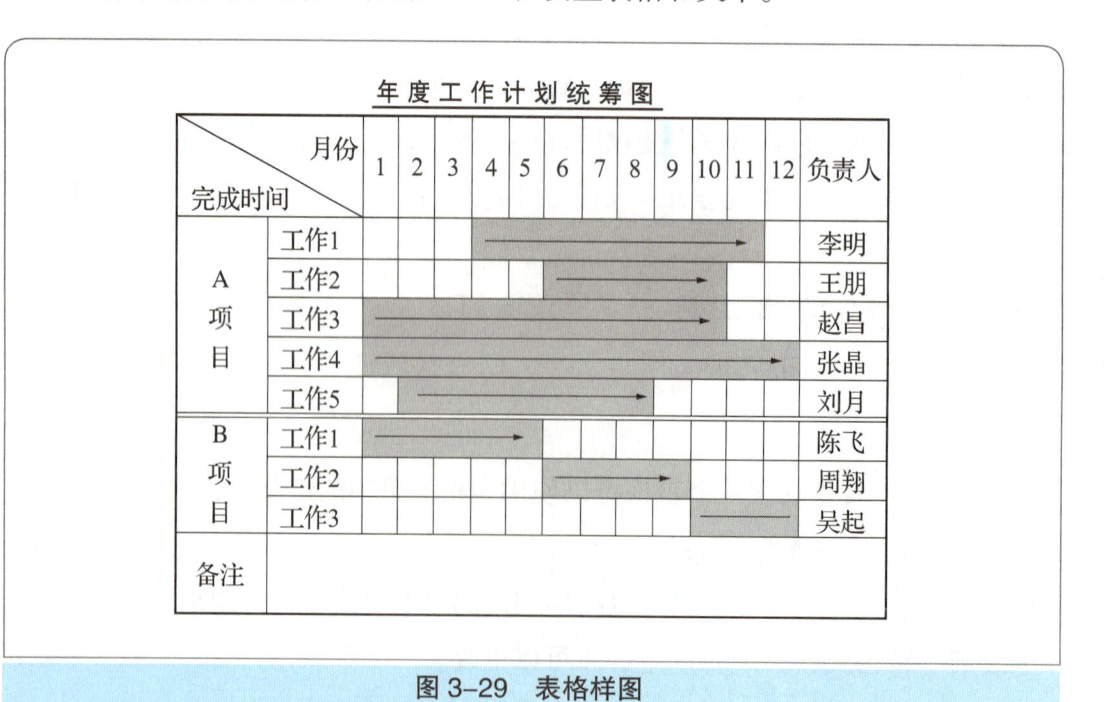

年度工作计划统筹图

完成时间 \ 月份		1	2	3	4	5	6	7	8	9	10	11	12	负责人
A项目	工作1													李明
	工作2													王朋
	工作3													赵昌
	工作4													张晶
	工作5													刘月
B项目	工作1													陈飞
	工作2													周翔
	工作3													吴起
备注														

图 3–29　表格样图

任务4 编审发布宣传册

任务目标

◎能熟悉如何自动生成目录，了解长文档的编辑方法；

◎熟练使用查找和替换、批注和比较、文档校对和拼写检查等功能对文档进行校对；

◎能使用文档加密功能保护文档；

◎熟练使用工具合并多个图文文档或 PDF 文档；

◎熟练使用打印功能根据装订要求打印图文文档；

◎根据工作任务要求，遵循图文编辑相关业务规范、版式规范和美学常识，团队协作完成生产、生活中的图表编辑应用典型案例；

◎在学习和工作过程中提高审美能力和创新能力。

任务梳理

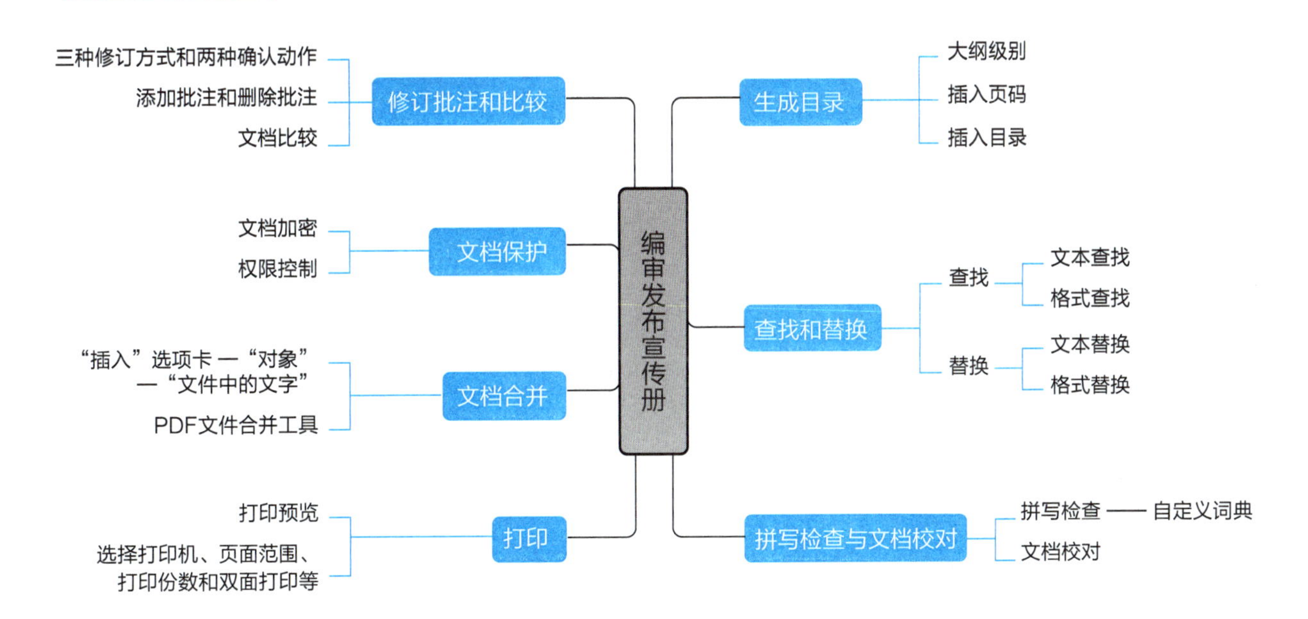

知识进阶

一、书签

书签被用来标记文档中某一处位置或文字，使用书签可以快速定位到目标处，也可以用来设置超链接。当我们在编辑或浏览文档时，可以用书签实现快速定位。

1. 插入书签

定位光标到需要插入书签的位置。单击“插入”选项卡中的“书签”命令，调出“书签”对话框，在“书签名”文本框中输入书签的名称，也可以设置“排序依据”为“名称”或“位置”，然后单击“添加”按钮，即可添加该书签，如图 3–30 所示。

2. 查看书签

单击“视图”选项卡的“导航窗格”命令，调出导航窗格，选择“书签”就可以查看添加的所有书签，如图 3–31 所示。单击某个书签即可跳转到书签定义文档位置。

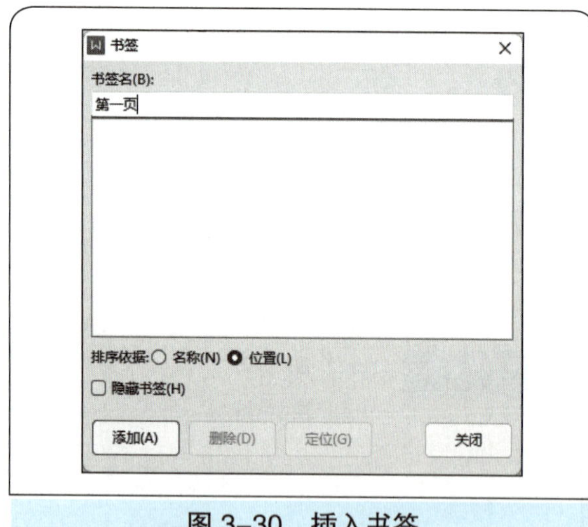

图 3–30　插入书签

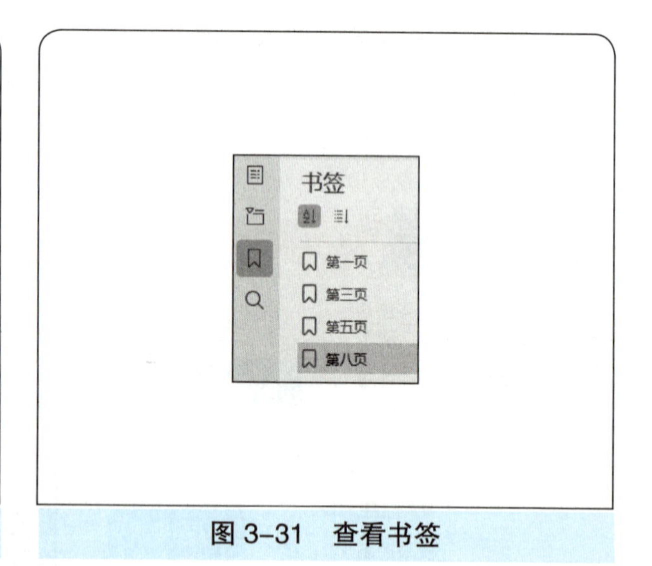

图 3–31　查看书签

右键单击书签可以设置排序方式，或重新命名书签，或显示书签标志、隐藏书签标志码，或删除书签。

二、视图

WPS 文字有 6 种视图：全屏显示、阅读版式、写作模式、页面、大纲、Web 版式，如图 3–32 所示。页面视图是默认视图，所有内容按页面大小分布在各个页面区域内。

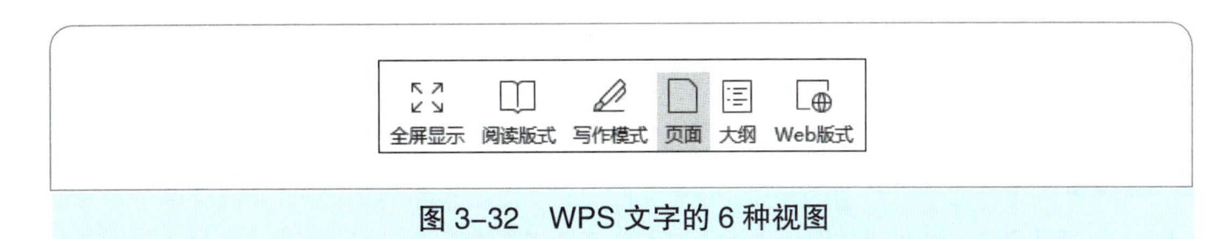

图 3-32　WPS 文字的 6 种视图

全屏显示状态下，会隐藏所有选项卡、菜单栏、状态栏，仅显示文档的标题栏和文档内容，按 Esc 键可退出全屏显示。

阅读版式状态下只能查看，无法编辑，相对全屏显示模式增加了阅读工具栏，屏幕左右两侧中间会出现箭头形状的滚屏按钮，如图 3–33 所示。

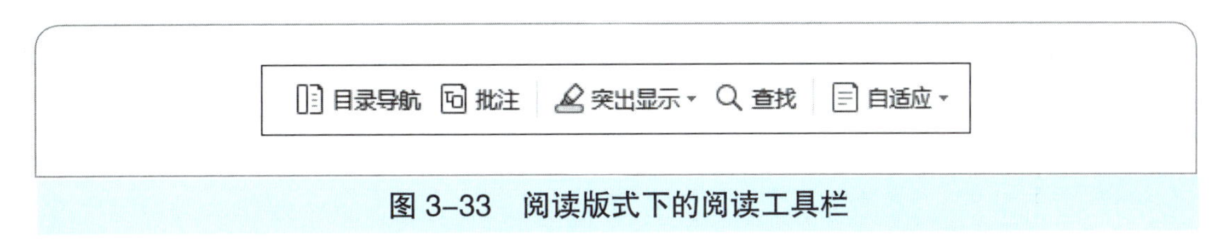

图 3–33　阅读版式下的阅读工具栏

写作模式下，会显示“通用”选项卡，提供了方便写作的一些功能命令，如图 3–34 所示。

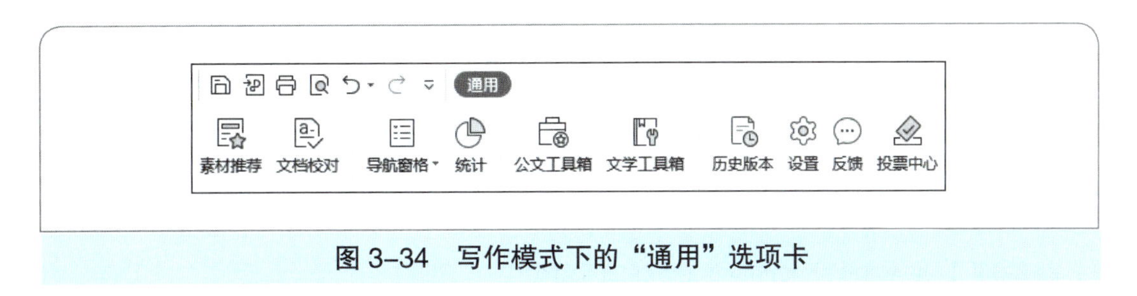

图 3–34　写作模式下的“通用”选项卡

大纲视图下，可筛选显示指定大纲级别的内容，或对选定的文本设置大纲级别（可参考教材图 3–4–4）。

Web 版式与页面视图的功能级别一致，只是没有分割页面显示，所有内容在一个区域内。

除全屏显示模式下，均可在窗口的右下部直接切换视图，如图 3–35 所示。

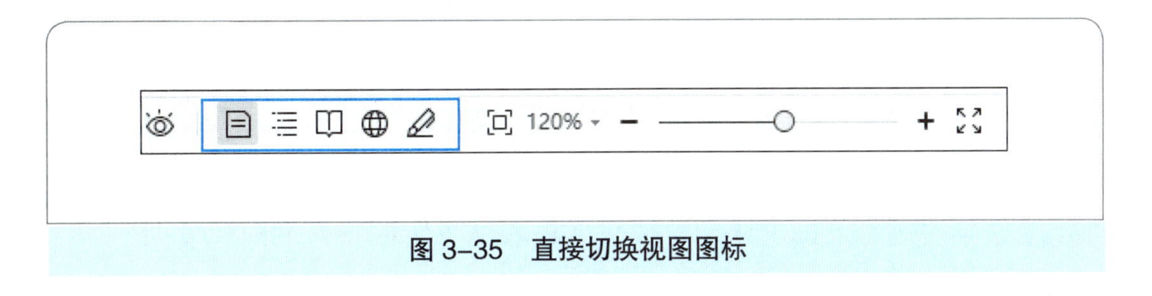

图 3–35　直接切换视图图标

例题分析

例题 1

【填空题】在 WPS 的文档中，可以为奇数页和偶数页分别设置不同的页眉和页脚，这种功能是通过“页眉页脚”选项卡的__________命令中设定来实现的。

【答案】页眉页脚选项

【解析】设置不同的页眉页脚前，需先进入页眉页脚编辑状态，在“页眉页脚”选项卡中单击“页眉页脚选项”命令，调出“页眉 / 页脚设置”对话框，在“页面不同设置”部分勾选“奇偶页不同”复选框。

例题 2

【单选题】设置“文档加密”的作用是（　　）。

A. 保护文档　　B. 美化文档　　B. 便于传输　　D. 添加页眉

【答案】A

【解析】WPS 的文档保护功能包含文档加密和文档权限控制两部分。文档加密后只有知道密码的用户方可浏览查看文档，使用文档权限控制功能，可以为不同的用户指定浏览、编辑等不同权限。

例题 3

【单选题】若 WPS 文档正处于打印预览状态，要打印文件，则（　　）。

A. 必须退出预览状态后才可以打印　　B. 在打印预览状态也可以直接打印

C. 在打印预览状态不能打印　　D. 只能在打印预览状态打印

【答案】B

【解析】当 WPS 文档处于打印预览状态时，可以设置页面边距，可以设置打印方式、纸张方向，也可直接打印文件。

例题 4

【多选题】在 WPS 文字中，可以为文档的每页或一页上添加一组图形或文字作为页面背景，这种特殊的文本效果称为（　　）。

A. 图形　　B. 艺术字　　C. 插入艺术字　　D. 水印

【答案】D

【解析】水印作为特殊的文本效果或图片被添加后，每页上都会有一组页面背景，例如“翻版必究”等水印文字比较常见。

例题 5

【判断题】创建目录之前，要为不同的标题设置不同大纲级别，大标题一般设置成一级。（　　）

【答案】√

【解析】创建目录之前，首先要为不同的标题设置对应的大纲级别，一般设置一级标题、二级标题、三级标题。

练习巩固

一、填空题

1. 关注文档结构，查看或浏览文档标题时，应进入__________视图。

2. 在__________选项卡中，单击“修订”下拉按钮，进入修订状态。

3. 在“审阅”选项卡中，单击__________按钮，进入批注状态。

4. 在 WPS 中，要在图片中加入文字，可以通过单击“插入”选项卡中的__________按钮，从“基本形状”中选中一种图形来实现。

5. 可以单击“页面布局”选项卡，调出__________对话框，设置页面方向和边距等页面布局参数。

二、单项选择题

1. 单击“页面布局”选项卡，通过（　　）功能，对文字或段落进行横向布局。

A. Esc 键　　B. Tab 键　　C. 分段　　D. 分栏

2. 插入文档目录前，不需要完成（　　）功能。

A. 为每个页面插入页码　　B. 设置标题的大纲级别

C. 设置每个段落的段落样式　　D. 确定目录的显示层级

3. WPS 文字的大纲级别总共有（　　）级。

A. 6　　B. 7　　C. 8　　D. 9

4. 在 WPS 中，与打印输出有关的命令可以在（　　）菜单中找到。

A. 编辑　　B. 格式　　C. 文件　　D. 工具

5. 在 WPS 文档中要插入页眉，应该执行的操作是（　　）。

A. “文件”→“页面设置”　　B. “插入”→“页眉页脚”

C. “视图”→“页眉和页脚”　　D. “格式”→“页眉和页脚”

6. 在 WPS 文档中，编辑好一个文件后，若想知道其打印效果，可以（　　）。

A. 按 F8 键　　B. 执行“打印预览”命令

C. 执行“全屏幕显示”命令　　D. 执行“模拟”显示命令

7. 有关 WPS 文字查找和替换的下列说法中，不正确的是（　　）。

A. 只能从文档的光标处向下查找和替换

B. 查找和替换时，可以使用通配符“*”和“？”

C. 可以对段落标记、分页符进行查找和替换

D. 查找替换时可以区分大小写字母

8. 下列选项中，（　　）不在“打印”命令对话框里。

A. 双面打印　　B. 页码位置　　C. 打印份数　　D. 打印范围

9. 在文档中使用（　　）有助于加强文档作者与审阅者之间的沟通。

A. 标题　　B. 页码　　C. 页眉与页脚　　D. 批注

10. WPS 的（　　）功能是拼写检查的另一种形式，可以更加快速、高效地实施拼写检查，或者输出错误报告。

A. 改正　　B. 纠错　　C. 文档校对　　D. 比较

三、多项选择题

1. 下列关于页眉页脚叙述正确的有（　　）。

A. 页眉页脚不可同时出现

B. 页眉页脚的字体字号为固定值，不能够修改

C. 页码默认居中，页眉默认左对齐，也可改变对齐方式

D. 用鼠标双击页眉、页脚位置，可进入编辑状态后对其内容进行修改

2. 一般有（　　）三种文档修订方式。

A. 格式修订　　B. 删除内容　　C. 插入内容　　D. 拼写改正

3. 查找或替换可以快速定位到特定对象、内容或位置，可用快捷键（　　）调出“查找和替换”对话框。

A. Ctrl+F　　B. Ctrl+H　　C. Ctrl+X　　D. Ctrl+A

4. 下列（　　）技巧可用于长文档编辑。

A. 大纲和目录　　B. 分页和分节　　C. 批注和修订　　D. 题注和尾注

5. 下列选项中，(　　) 是版式文档格式。

A. .docx　　B. .pdf　　C. .ofd　　D. .wps

四、判断题

1. 若想打印第 3 页至第 7 页以及第 9 页的内容，在打印框的页码范围应输入“3-7,9”。(　　)

2. 文档处于修订状态时，软件会自动做上标记，确认动作有“接受”“拒绝”方式。(　　)

3. 合并文档就是将多个文档整合为一个文档，可以直接利用插入文件内容的方式将 PDF 文件合并。(　　)

4. 在“审阅”选项卡中，当单击“插入批注”按钮时，进入批注状态，可在页面右侧的批注框内输入批注内容。(　　)

5. 使用拼写检查功能时，用户可以向词典中添加自定义词语，以便再出现此单词时将其识别为正确单词。(　　)

五、实践操作题

按照图 3-36 所示样图，对素材进行排版编辑。

自然·节令

二十四节气的含义

二十四节气是我国劳动人民独创的文化遗产，它能反映季节的变化，指导农事活动，影响着千家万户的衣食住行。由于 2000 年来，我国的主要政治活动中心多集中在黄河流域，二十四节气也就是以这一带的气候、物候为依据建立起来的。由于我国幅员辽阔，地形多变，故二十四节气对于很多地区来讲只是一种参考。从二十四节气的字面含义来看：

■ 立春、立夏、立秋、立冬——分别表示四季的开始。「立」即开始的意思。公历上一般在每年的 2 月 4 日、5 月 5 日、8 月 7 日和 11 月 7 日前后。

■ 夏至、冬至——表示夏天、冬天到了。「至」即到的意思。夏至日、冬至日一般在每年公历的 6 月 21 日和 12 月 22 日。

■ 春分、秋分——表示昼夜长短相等。「分」即平分的意思。这两个节气一般在每年公历的 3 月 20 日和 9 月 23 日左右。

■ 雨水——表示降水开始，雨量逐步增多。公历每年的 2 月 18 日前后为雨水。

■ 惊蛰——春雷乍动，惊醒了蛰伏在土壤中冬眠的动物。这时气温回升较快，渐有春雷萌动。每年公历的 3 月 5 日左右为惊蛰。

■ 清明——含有天气晴朗、空气清新明洁、逐渐转暖、草木繁茂之意。公历每年大约 4 月 5 日为清明。

■ 谷雨——雨水增多，大大有利谷类作物的生长。公历每年 4 月 20 日前后为谷雨。

■ 小满——其含义是夏熟作物的籽粒开始灌浆饱满，但还未成熟，只是小满，还未大满。大约每年公历 5 月 21 日这天为小满。

■ 芒种——麦类等有芒作物成熟，夏种开始，每年的 6 月 5 日左右为芒种。

■ 小暑、大暑、处暑——暑是炎热的意思。小暑还未达最热，大暑才是最热时节。处暑是暑天即将结束的日子。它们分别处在每年公历的 7 月 7 日、7 月 23 日和 8 月 23 日左右。

■ 白露——气温开始下降，天气转凉，早晨草木上有了露水。每年公历的 9 月 7 日前后是白露。

■ 寒露——气温更低，空气已结露水，渐有寒意。这一天一般在每年的 10 月 8 日。

■ 霜降——天气渐冷，开始有霜。霜降一般是在每年公历的 10 月 23 日。

■ 小雪、大雪——开始降雪，小和大表示降雪的程度。小雪在每年公历 11 月 22 日，大雪则在 12 月 7 日左右。

■ 小寒、大寒——天气进一步变冷，小寒还未达最冷，大寒为一年中最冷的时候。小寒公历 1 月 5 日和该月的 20 日左右为小、大寒。

知道了二十四节气的含义，对你的日常生活会有一定帮助。

图 3-36　实践操作题样图

要求：

1. 设置页面。纸张大小：自定义大小：宽度：27.94 厘米，高度：21.59 厘米；方向：横向；页眉：1.45 厘米，页脚：1.65 厘米；正文排列：竖排。

2. 设置艺术字。将标题“二十四节气的含义”设置为艺术字，艺术字式样：第 1 行第 1 个；字体方向：垂直从右向左；字体：隶书；文本效果：纯色填充（停止点 1 绿色，停止点 2 深天蓝，位置 0），阴影为向右下偏移，转换设置为“波形 2”，按样文适当调整艺术字的大小和位置。

3. 设置栏格式。将正文中除了第 1 段和最后一段之外的其他段落设置为两栏格式，加分隔线。

4. 设置边框（底纹）。正文第一段底纹，填充：灰 -10%。

5. 插入图片。在图文框中插入图片，图片为 signet.wmf，设置环绕方式为紧密型环绕。

6. 设置脚注（尾注 / 批注）。为正文第 1 段第 1 行“二十四节气”添加批注“根据太阳的位置，在一年时间中定出二十四个点，每一点叫一个节气”。

7. 设置页眉 / 页码。添加页眉文字“自然 · 节令”，插入页码，并设置页眉、页码文本的格式。